普通高等教育工程图学系列规划教材

工程图学基础教程习题集

主　编　李爱荣　张顺心
副主编　刘淑英　杨　杰
参　编　刘宇红　戚开诚　段　萍
主　审　窦忠强

机 械 工 业 出 版 社

本习题集与李爱荣、张顺心主编的《工程图学基础教程》一书配套使用，主要内容包括：绪论，点，直线，平面，直线与平面、平面与平面的相对位置，换面法，平面立体的投影，曲面立体的投影，平面与立体相交，两曲面立体相交，字体练习，制图的基本知识，画组合体视图，读组合体视图，组合体尺寸标注，组合体的构形设计，组合体综合练习，轴测投影，视图，剖视图，断面图，综合练习，螺纹，螺纹联接件。

本习题集可作为高等学校独立学院现工科类所有专业学生的教科书，也可供其他院校的学生和工程技术人员参考。

图书在版编目（CIP）数据

工程图学基础教程习题集/李爱荣，张顺心主编．—北京：机械工业出版社，2012.8（2024.6 重印）

普通高等教育“十二五”规划教材

ISBN 978-7-111-39387-0

Ⅰ.①工…　Ⅱ.①李…②张…　Ⅲ.①工程制图-高等学校-习题集　Ⅳ.①TB23-44

中国版本图书馆 CIP 数据核字（2012）第 201089 号

机械工业出版社（北京市百万庄大街 22 号　邮政编码 100037）
策划编辑：刘小慧　责任编辑：刘小慧　章承林　徐鲁融
版式设计：霍永明　责任校对：卢惠英
封面设计：张　静　责任印制：李　昂

北京捷迅佳彩印刷有限公司印刷
2024 年 6 月第 1 版第 8 次印刷
370mm×260mm · 8 印张 · 150 千字
标准书号：ISBN 978-7-111-39387-0
定价：24.80 元

电话服务
客服电话：010-88361066
010-88379833
010-68326294

网络服务
机　工　官　网：www.cmpbook.com
机　工　官　博：weibo.com/cmp1952
金　　书　　网：www.golden-book.com
机工教育服务网：www.cmpedu.com

工程图学系列教材编委会

工程图学系列教材目录

工程图学基础教程	李爱荣　张顺心	主编
工程图学基础教程习题集	李爱荣　张顺心	主编
工程图学实践教程（含习题集）	刘宇红　李爱荣	主编
工程图学应用（含习题集）	杨　杰　刘淑英	主编
计算机辅助设计绘图　第3版	张建军	主编

序

2012年3月，教育部颁布了《关于全面提高高等教育质量的若干意见》（以下简称《意见》）。《意见》强调指出，提高高等教育质量，要“牢固确立人才培养的中心地位，树立科学的高等教育发展观，坚持稳定规模、优化结构、强化特色、注重创新，走以质量提升为核心的内涵式发展道路”。为了适应当前我国高等教育以提升质量为核心发展的需要，探索和建立我国高级技术人才特别是应用型工程技术人才的培养模式，是当前高等教育教学研究的重点之一。

作为学生获取知识、提升能力、培养素质的重要载体，课程在人才培养中具有无可替代的重要性和基础性，培养高质量的人才，需要有一整套完备的课程体系和内容作为基础，而一套优秀的教材则是构架课程体系的根本保证。由河北工业大学工程图学教学团队组织、机械工业出版社出版的这套工程图学系列教材，由长期从事教学改革的教师编写而成，得到了国内多位资深教授的支持和指导，能够满足应用型人才培养对工程图学课程的要求。

这套系列教材以满足适应社会发展需求的高素质应用型工程技术人才培养对课程的要求为出发点和落脚点，根据课程的基础性、实践性、工程性的特点，减少了纯理论知识的灌输，以够用为原则，强调了以体为中心的教学理念，加强了投影能力和工程表达能力的培养，强化了工程意识及工程应用性、创新意识、标准意识、基于功能构形的基本能力的培养。教材以工程表达能力和构型能力的培养为根本，具有以下几个特色：

一、系统性。这套系列教材采用模块化的结构体系，以工程图学基础为公共平台模块，以工程图学应用和工程图学实践为专业拓展延伸模块，以计算机辅助设计绘图为工具模块，针对学生在不同阶段、不同专业对课程的要求，进行了一体化的考虑，构造了一个各方面相互统一与协调的立体化课程体系。因此，教材特别适宜“按专业群（类）招生，分段培养，适时分流”的应用型人才培养模式。

二、实用性。这套系列教材引入了基于项目的教学方法，以适宜低年级本科生的认知能力和课程的基本要求为基础设计项目内容，以强化零部件工程图样的表达能力、基于功能的构形能力和创新意识的培养为目标设计项目过程，同时兼顾激发学生学习的积极性与主动性。因此，教材具有较强的实用性和操作性。

三、创新性。这套系列教材较好地体现了面向应用型工程技术人才培养对课程改革的思路，对课程体系和教学内容的改革进行了富有成效的探索与改革，它的出版对课程的深入改革定将起到推动作用，是件很有意义的事。

诚然，这套系列教材还需要在教学实践中检验、锤炼和完善，以期结出更加丰硕的果实。

国家教学名师
教育部“工程图学教学指导委员会”副主任委员
中国图学学会图学教育专业委员会主任委员
北京理工大学教授

焦永和

前　　言

本习题集是为适应工程图学课程教学改革的需要，根据教育部工程图学教学指导委员会2010年“普通高等院校工程图学课程教学基本要求”，总结近几年的教学改革实践经验，在参考其他习题集的基础上编写的。

本习题集与李爱荣、张顺心主编的《工程图学基础教程》一书配套使用，书中涉及的标准，均采用了最新国家标准。本习题集可作为高等学校独立学院理工科类所有专业学生的教科书，也可供其他院校的学生和工程技术人员参考。

本习题集由李爱荣、张顺心担任主编，刘淑英、杨杰担任副主编。参加编写的人员有：刘淑英（绪论，点，直线，平面，直线与平面、平面与平面的相对位置，换面法），刘宇红（平面立体的投影，曲面立体的投影，平面与立体相交，两曲面立体相交），戚开诚（字体练习，制图的基本知识，螺纹，螺纹联接件），李爱荣（画组合体视图，读组合体视图，组合体尺寸标注，组合体的构形设计，组合体综合练习），段萍（轴测投影），杨杰（视图，剖视图，断面图，综合练习）。

本习题集由北京科技大学窦忠强教授担任主审。他提出了宝贵意见，在此表示诚挚的谢意！

由于编者水平有限，习题集中难免出现不当之处，望广大读者给予指正。

编　者

目　　录

根据物体的三视图，找出对应的立体图，并将序号填进括号内。

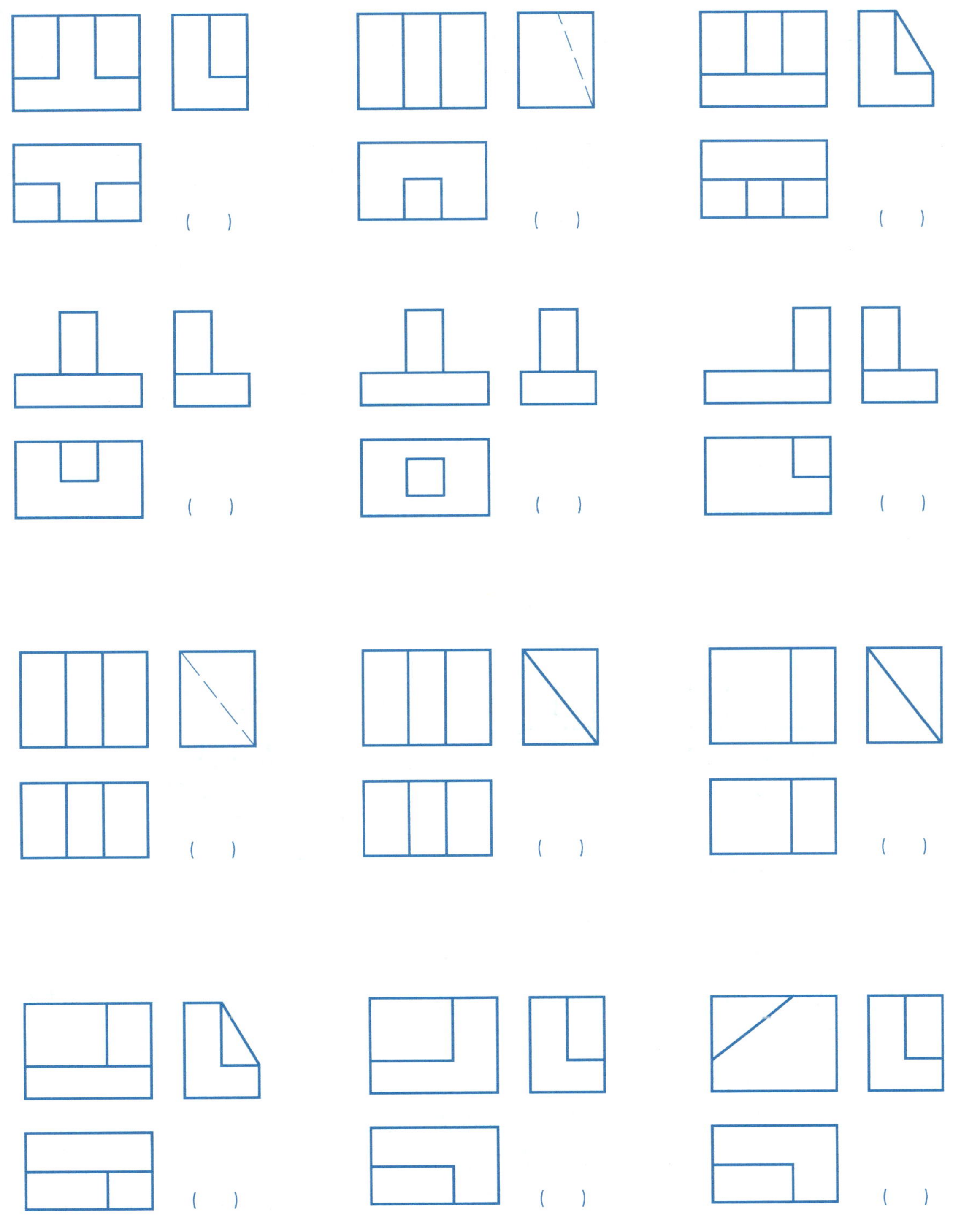

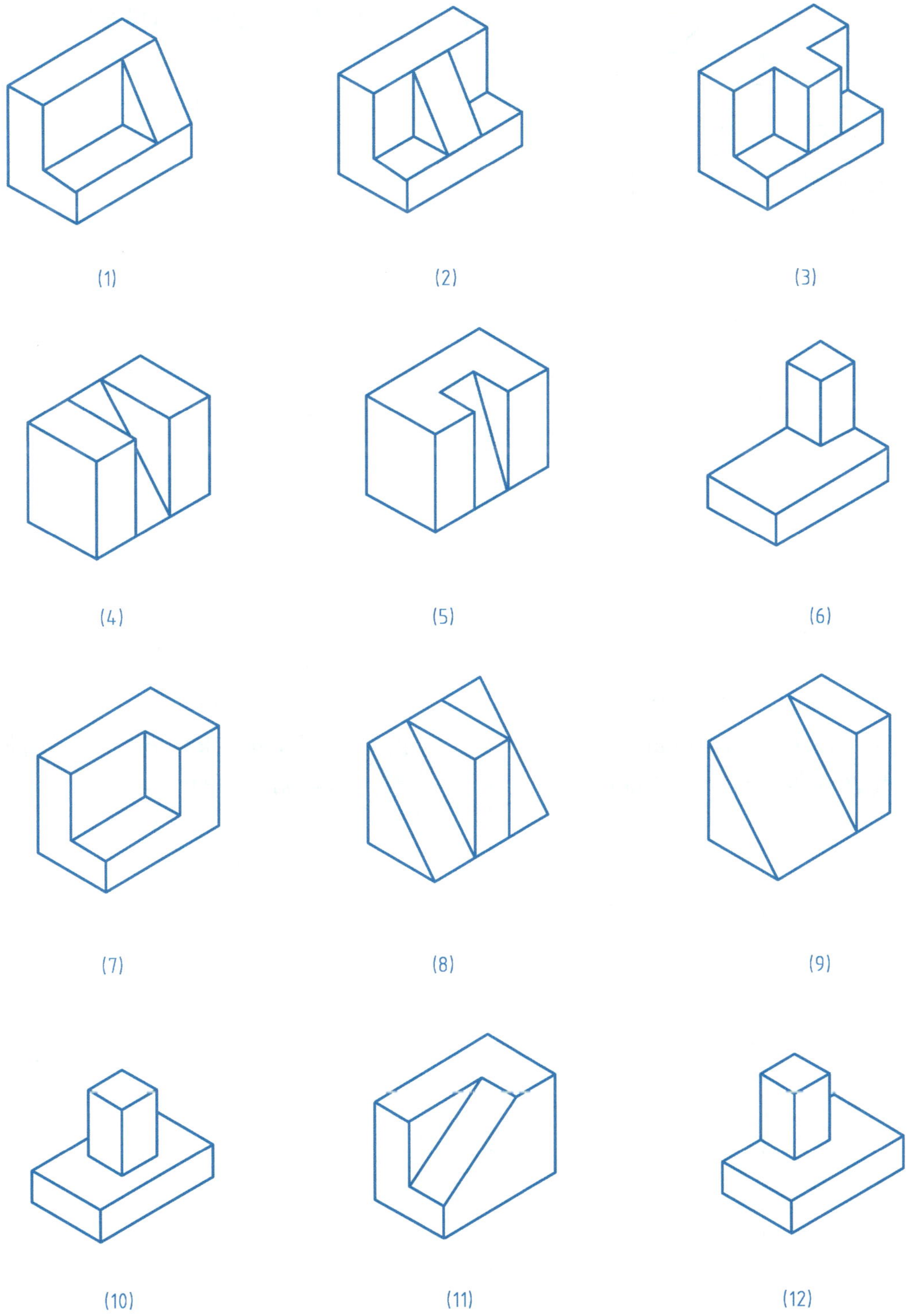

1. 按立体图作点 A、B、C 的三面投影图。

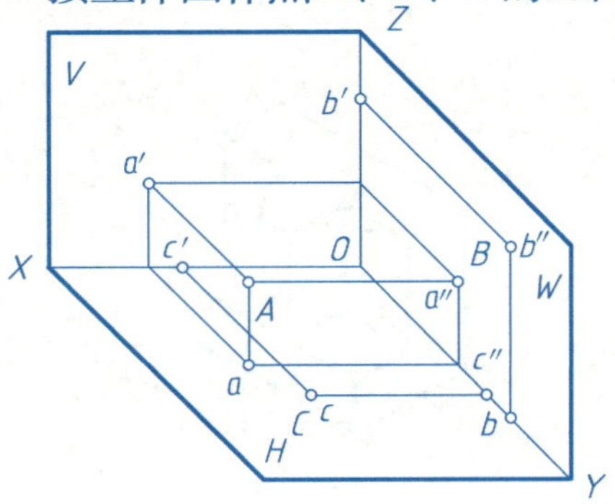

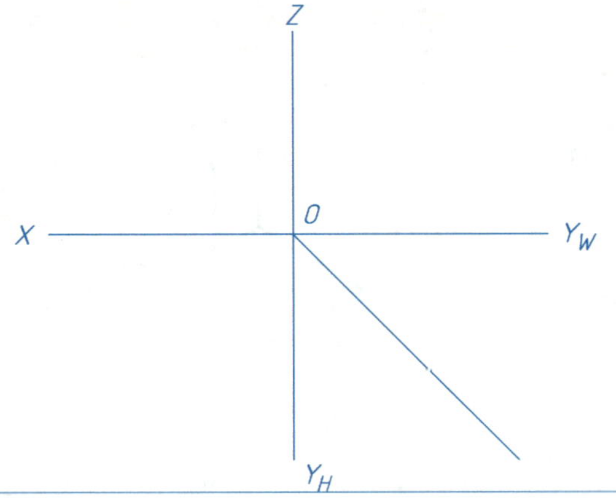

2. 已知点 A（35，30，25）、点 B（25，20，0）和点 C（0，25，15），作各点的三面投影图。

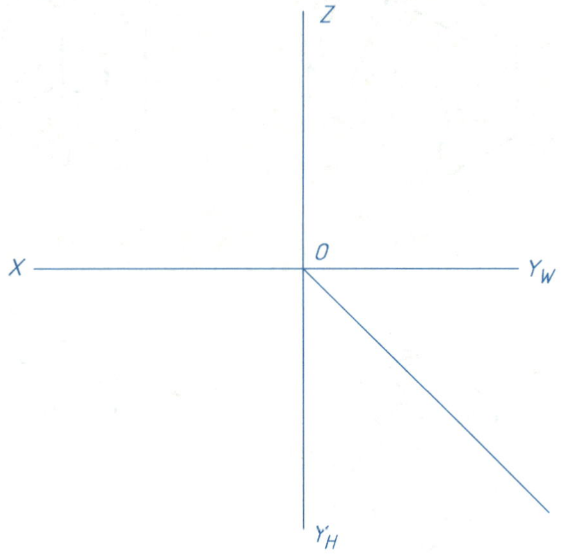

3. 求点 D、E、F 的第三面投影。

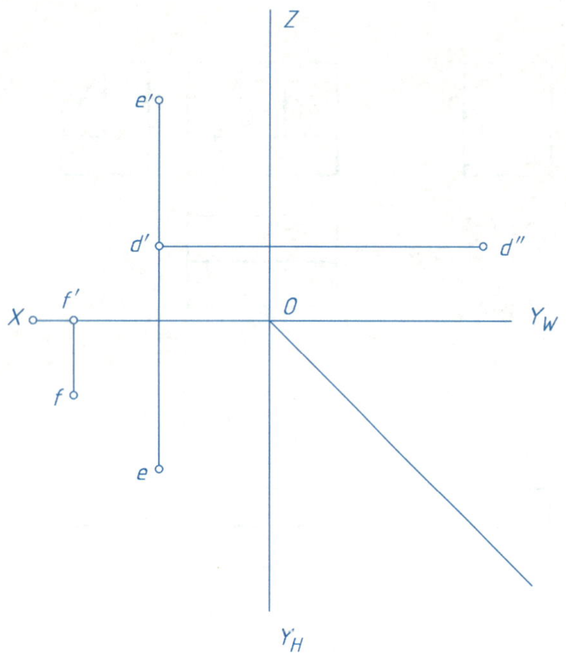

4. 已知点的两面投影，求作第三面投影，并说明各点的空间位置。

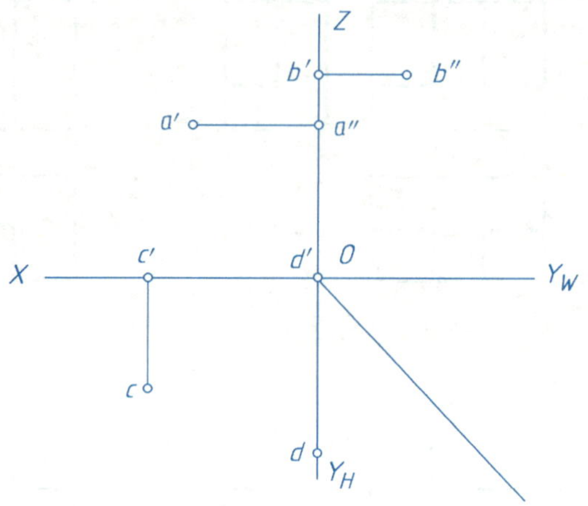

A ________　B ________

C ________　D ________

5. 已知点的一面投影和下列条件，求作点 A、B 的其他两面投影。

（1）点 A 在 V 面前 10mm。

（2）点 B 在 W 面左方 20mm。

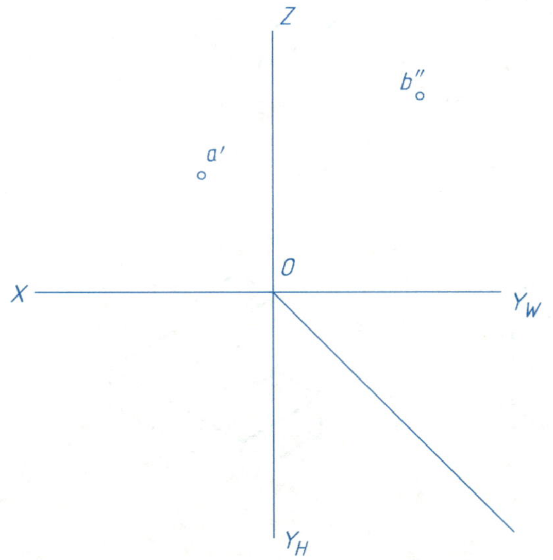

6. 已知点 A 的两面投影，点 B 位于点 A 的正前方 10mm，点 C 位于点 A 的正上方 15mm，求作各点的三面投影图，并标明可见性。

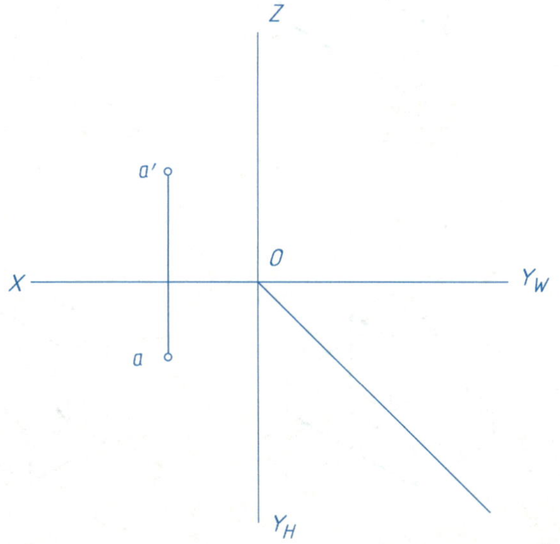

7. 根据立体图和三视图，按要求作图和填空。

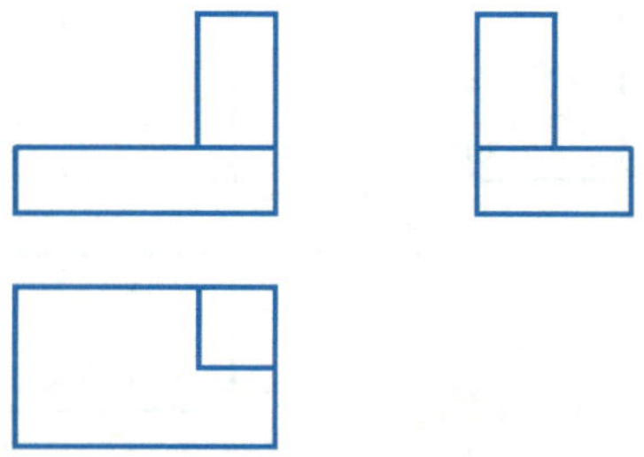

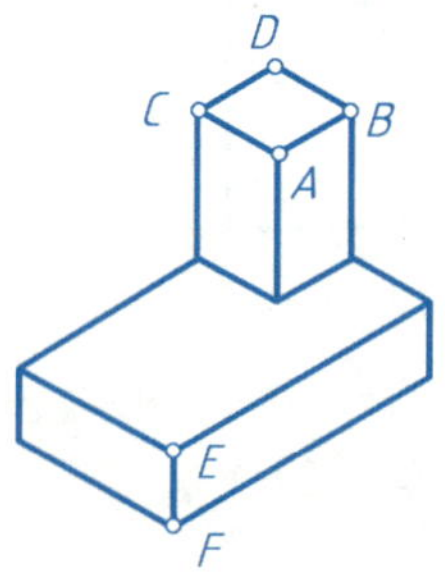

（1）在三视图中标出点 A、B、C、D 的三面投影。

（2）在这些点中，对 V 面的重影点有______，对 W 面的重影点有______，对 H 面的重影点有______。

（3）点 A 在点 B 的________。（左方？正左方？）

点 E 在点 F 的________。（上方？正上方？）

点 A 在点 C 的________。（正前方？正后方？）

点 A 在点 F 的________，（左方？右方？）________，（前方？后方？）________。（上方？下方？）

1. 判别直线对投影面的相对位置，并求作第三面投影。

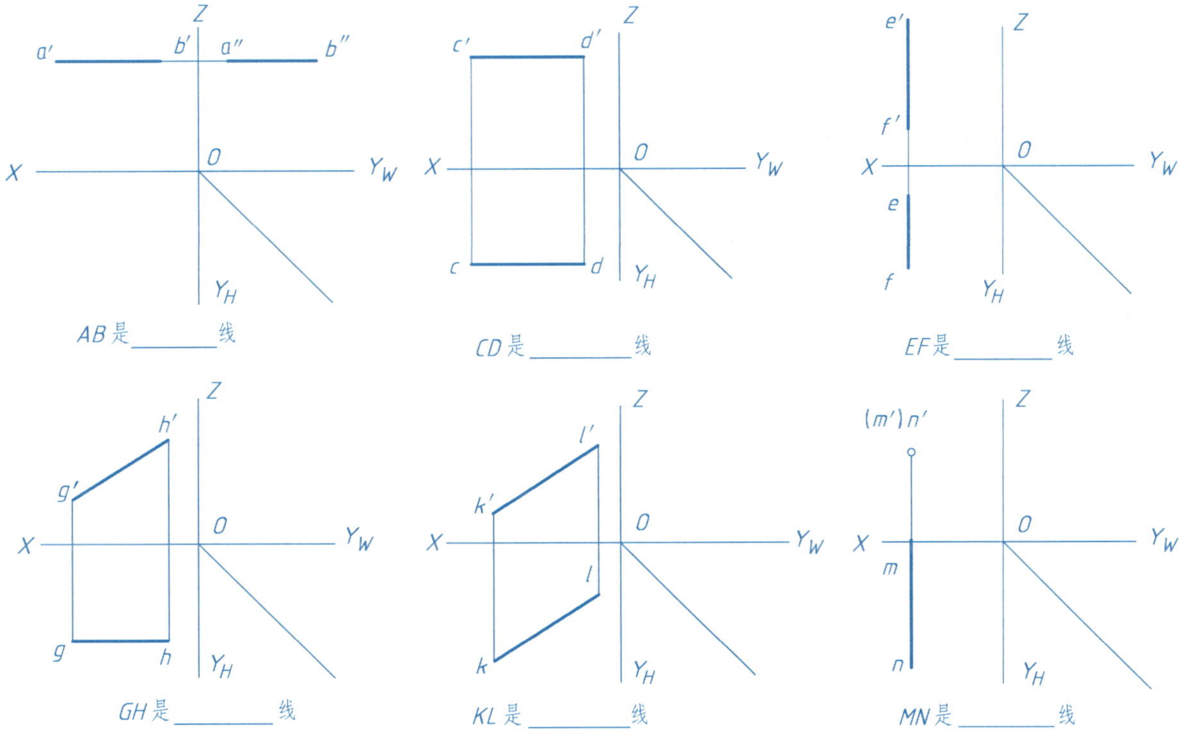

2. 过点作直线的三面投影（只作一个解）。

（1）正平线 AB，$\alpha=30°$，长 20mm。　（2）侧平线 CD，$\alpha=\beta$，长 20mm。

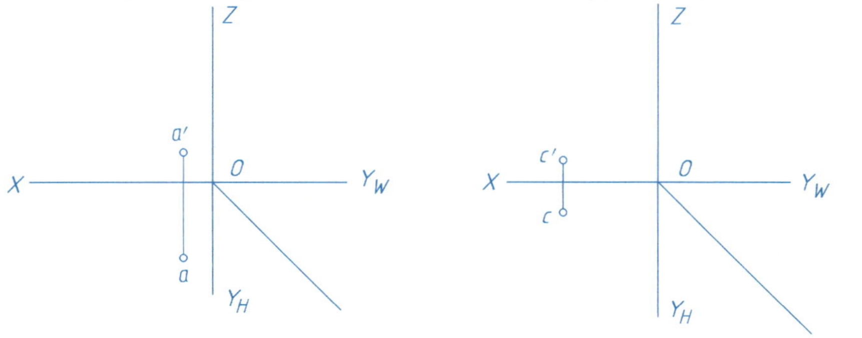

（3）水平线 EF，$\beta=30°$，长 20mm。　（4）侧垂线 KL，长 20mm。

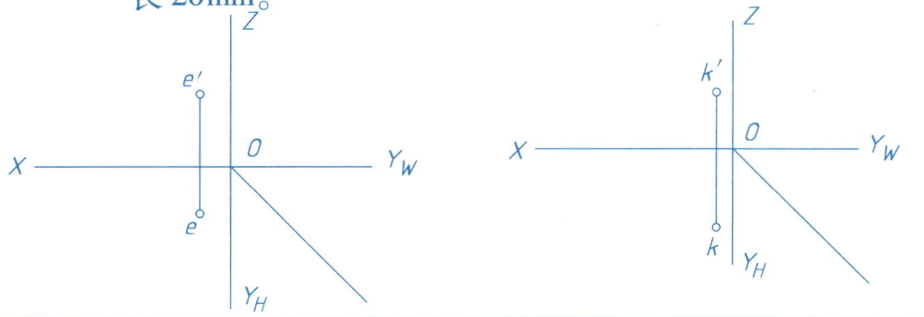

3. 判断三棱锥各棱线对投影面的相对位置。

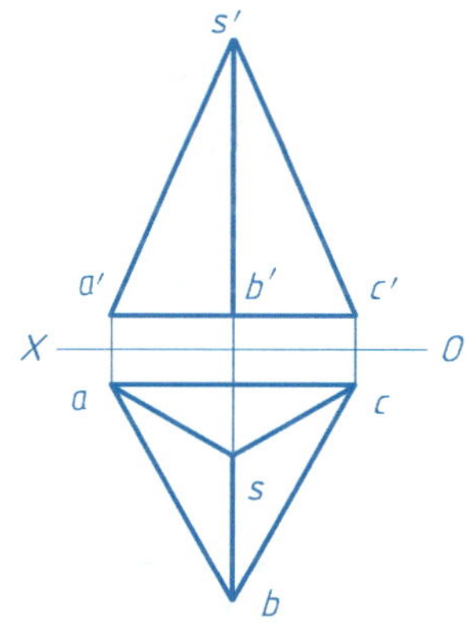

SA是＿＿＿

SB是＿＿＿

AB是＿＿＿

AC是＿＿＿

4. 在直线 AB 上取点 K，使 $AK:KB=1:2$。

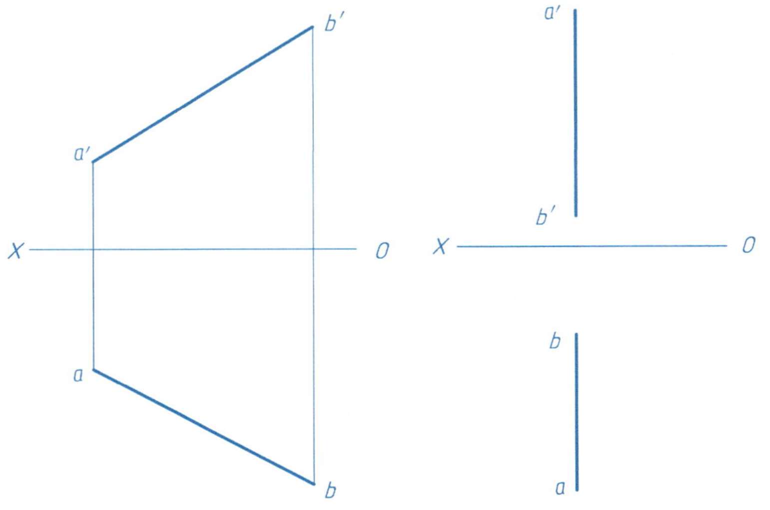

5. 判断两直线的相对位置。

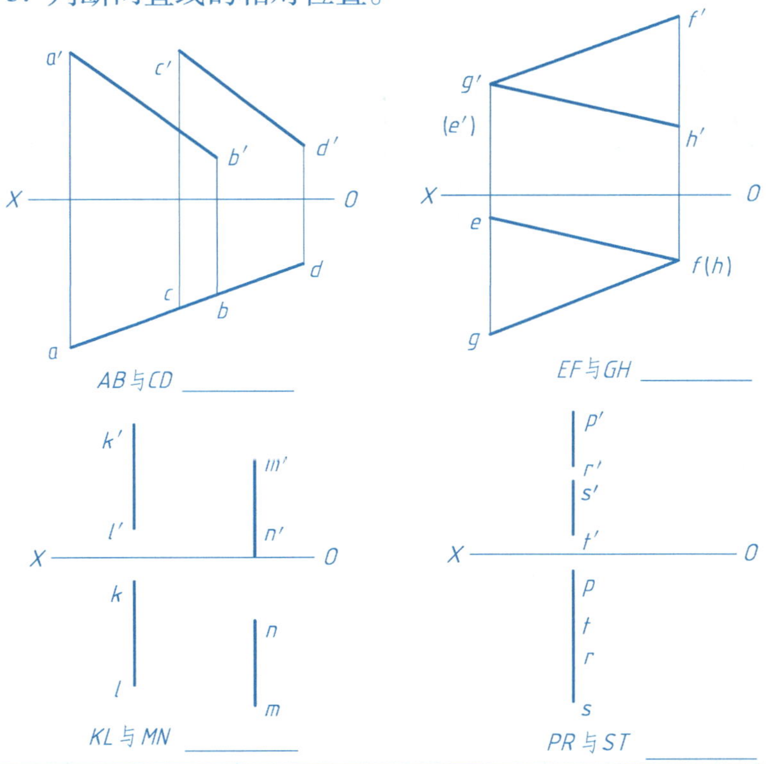

6. 直线 AB 与 CD 相交，其中点 B 在 H 面内，点 D 位于 V 面前 10mm，求作两直线的投影。

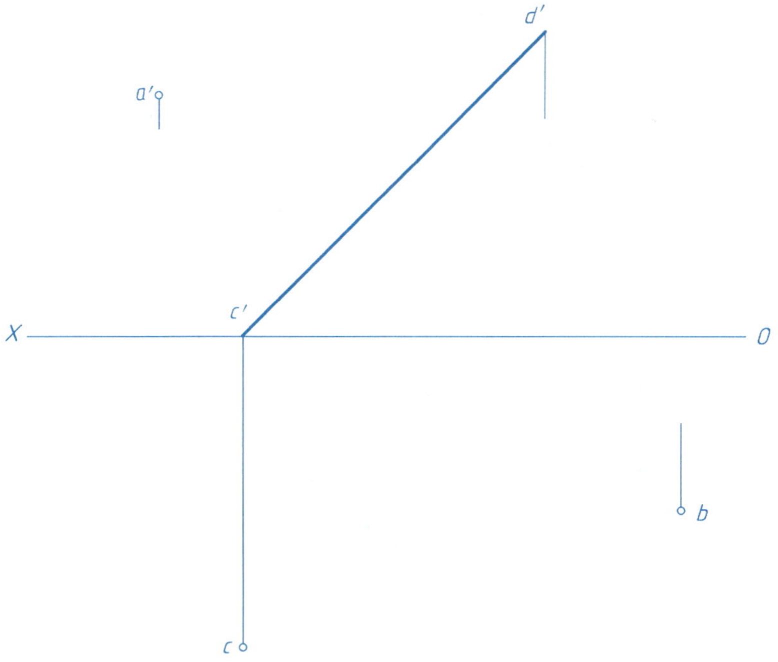

7. 作正平线 *CD* 与 *AB* 相交，且距 *V* 面 15mm。

（1）

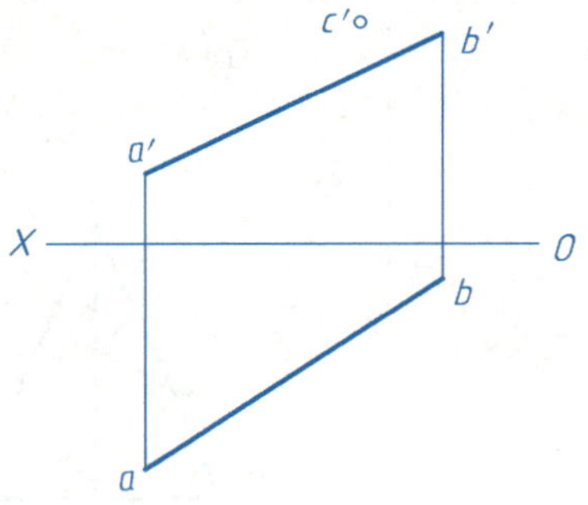

（2）

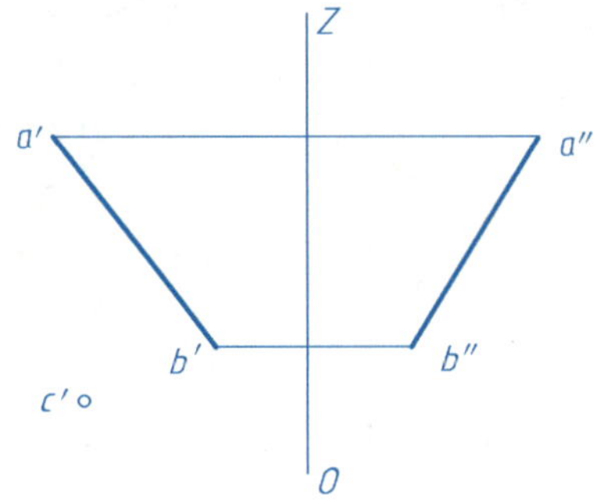

8. 过点 *A* 作直线与 *BC* 和 *DE* 相交。

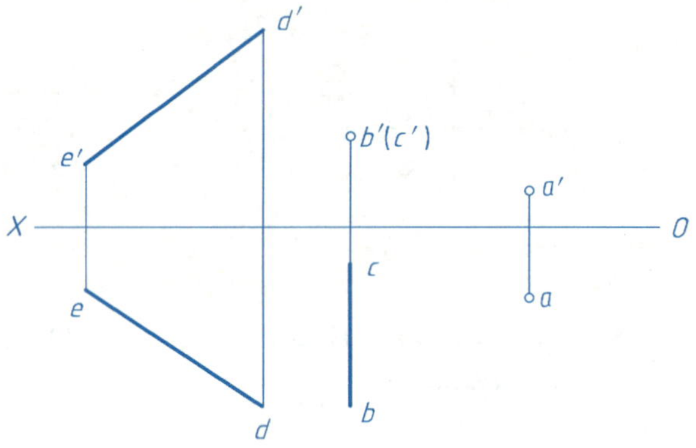

9. 求作水平线 *EF* 与 *AB*、*CD* 相交，且距 *H* 面 20mm。

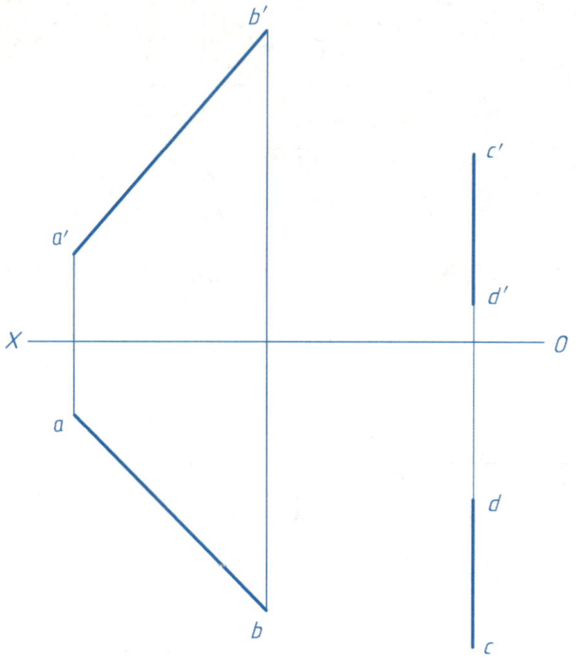

10. 作交叉两直线 *AB* 与 *CD* 的公垂线。

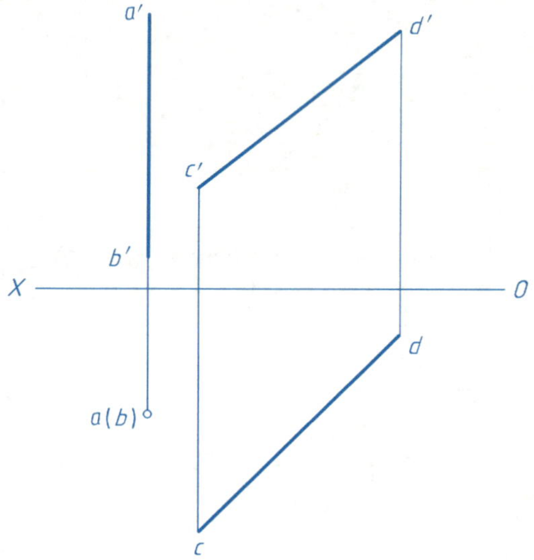

11. 作直线 *AB* 与 *CD* 平行，并与 *EF*、*GH* 分别相交于点 *A* 和点 *B*。

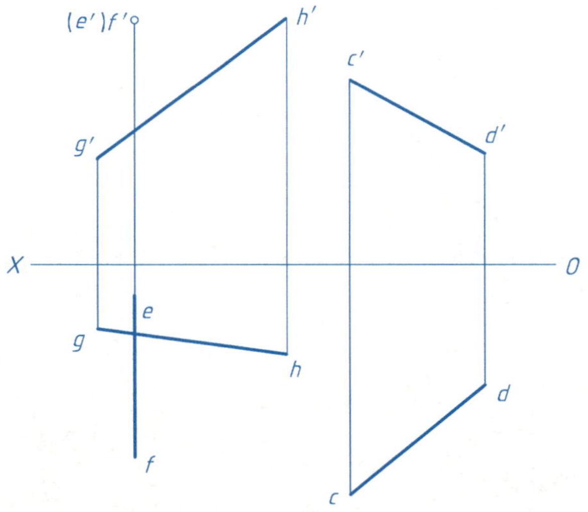

12. 判断两直线是否平行（在横线上写出是或否）。

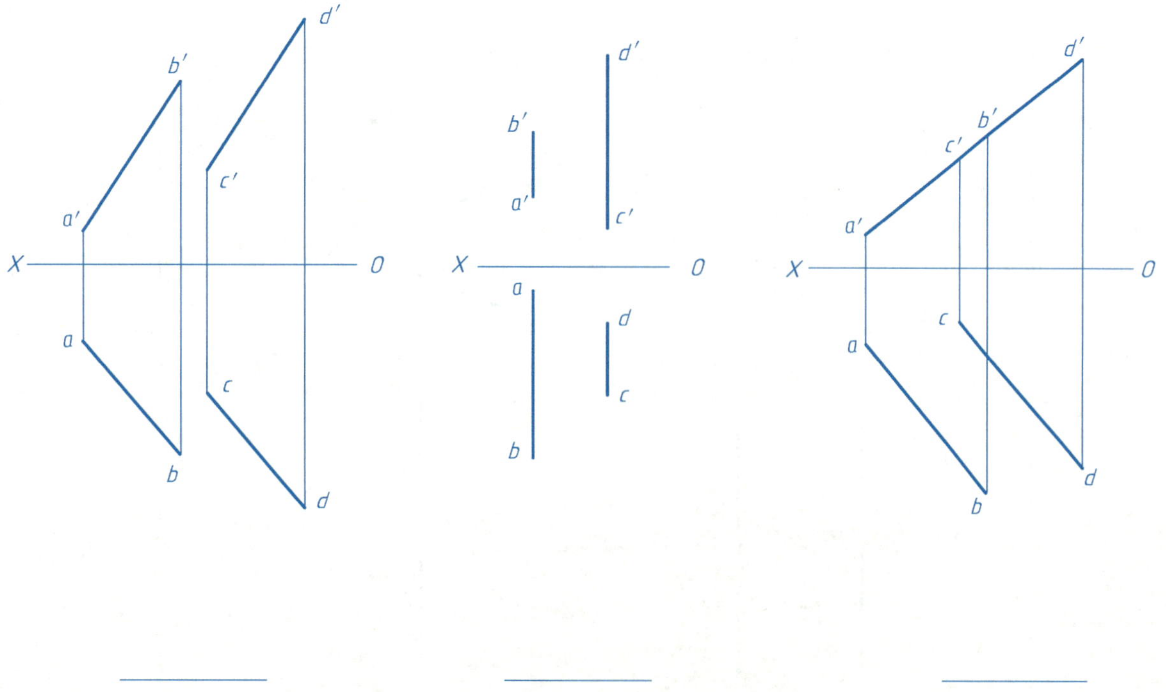

13. 过点 *A* 作直角三角形 *ABC*。已知直角边 *BC* 位于 *EF* 上，*BC* = 25mm，另一直角边为 *AB*。

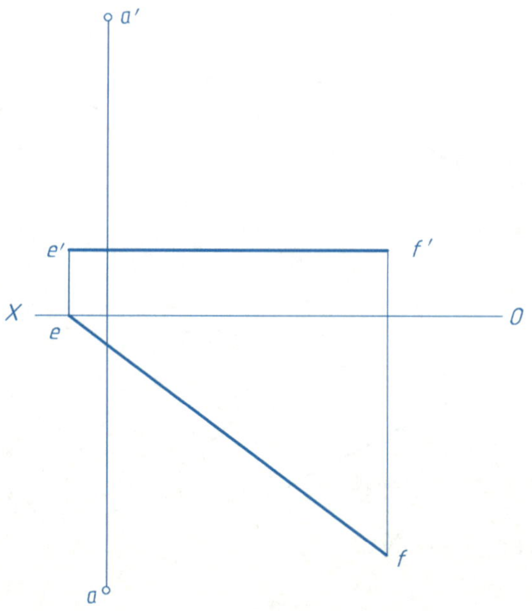

1. 求平面的第三面投影，并作出平面上点 K 的其他两面投影。

(1)

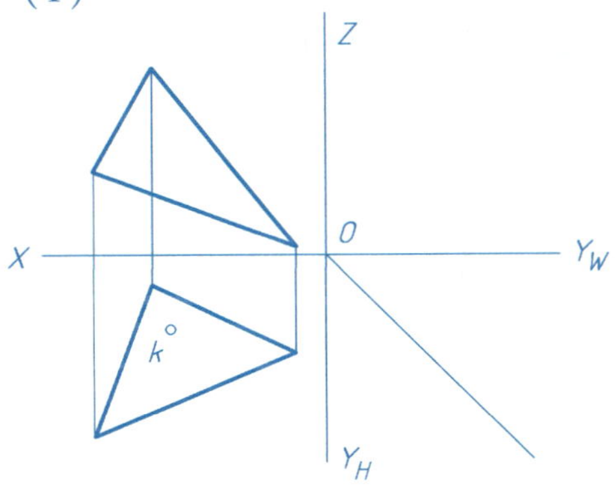

(2)

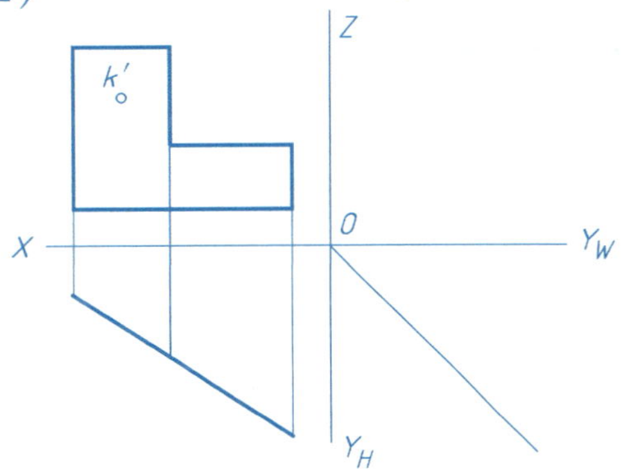

(3)

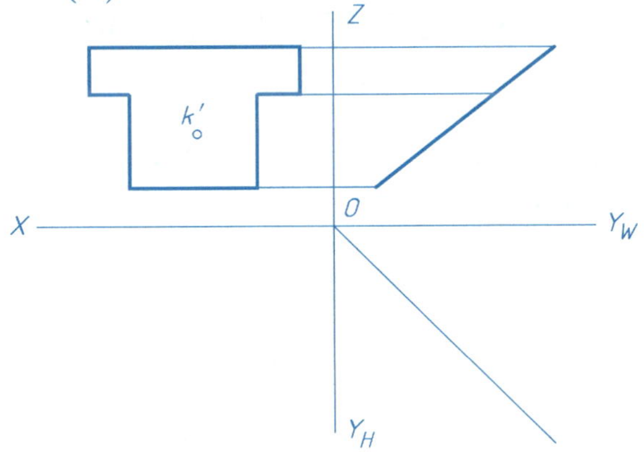

(4)

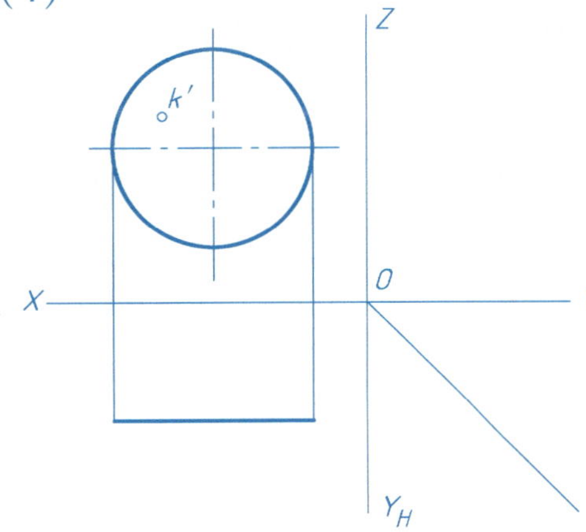

2. 判别点 A 和直线 AB 是否属于给定平面。

(1)

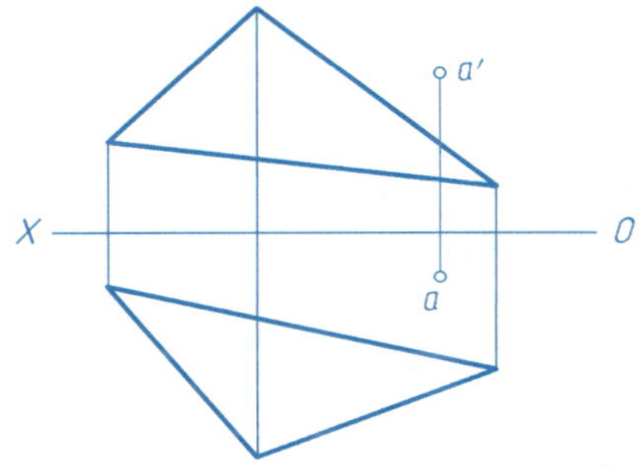

A ______ 平面

(2)

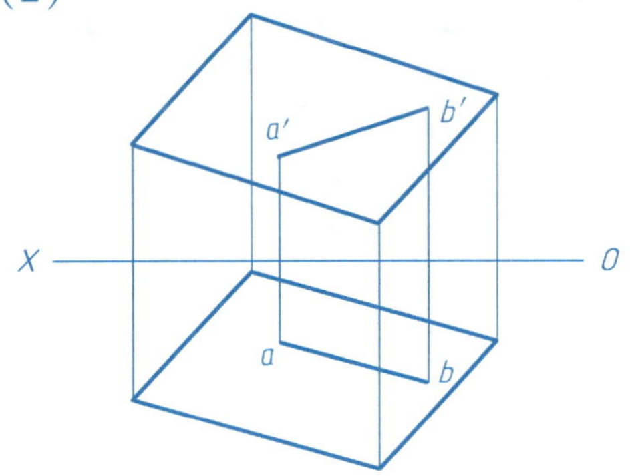

AB ______ 平面

3. 判断立体上各平面对投影面的相对位置。

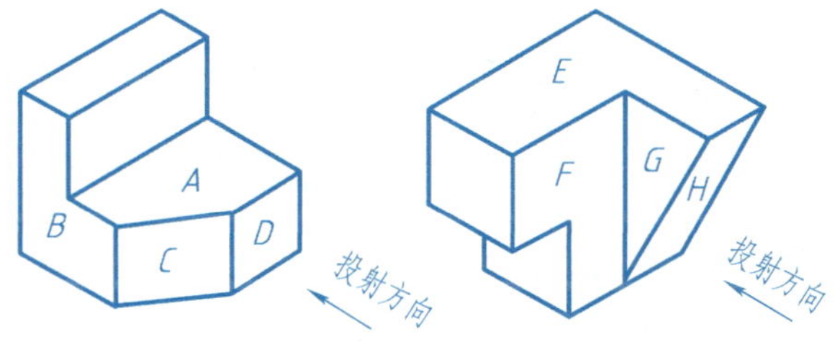

A ______　　E ______

B ______　　F ______

C ______　　G ______

D ______　　H ______

4. 已知直线 BE 为正平线，求五边形平面的水平投影。

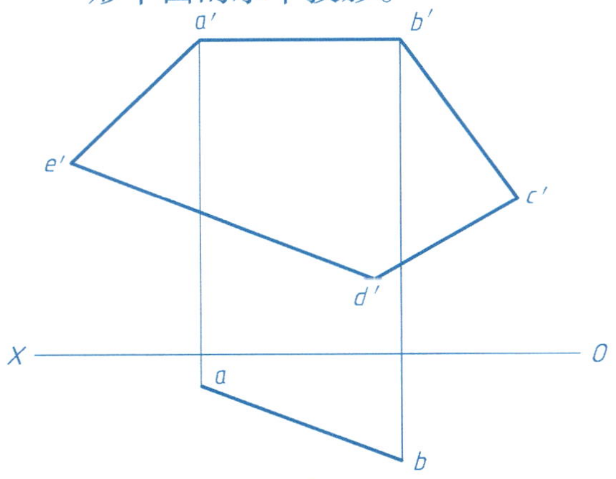

5. 在平面 ABC 内取点 K，使其距 V 面 15mm，距 H 面 25mm。

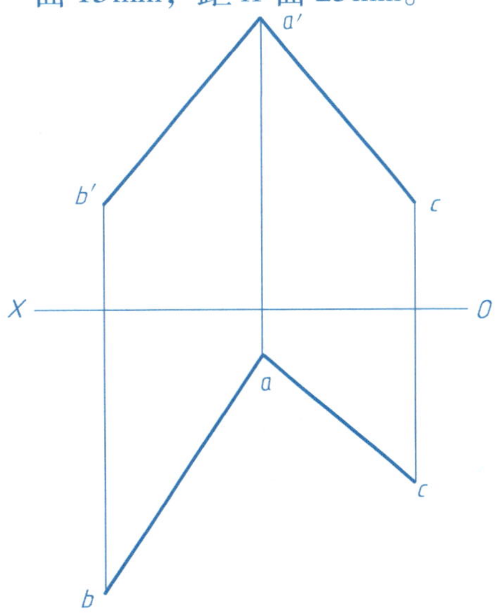

6. 作平面 P 的两面投影。已知直线 AB 为平面 P 上的水平线，其正平线 $\alpha=60°$。

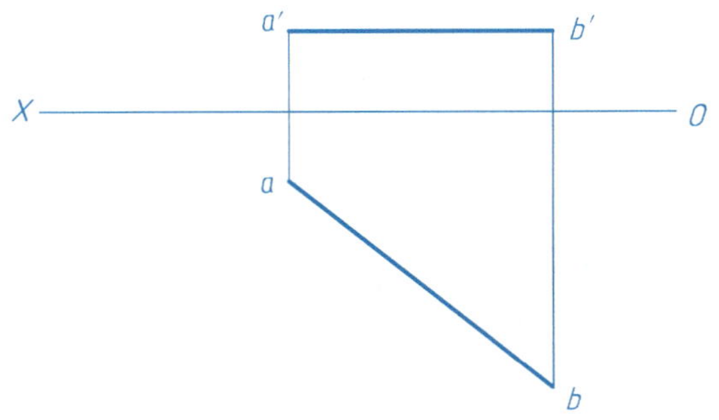

7. 作出 P 面上以 O_1 为圆心、直径为 40mm 的圆的投影。

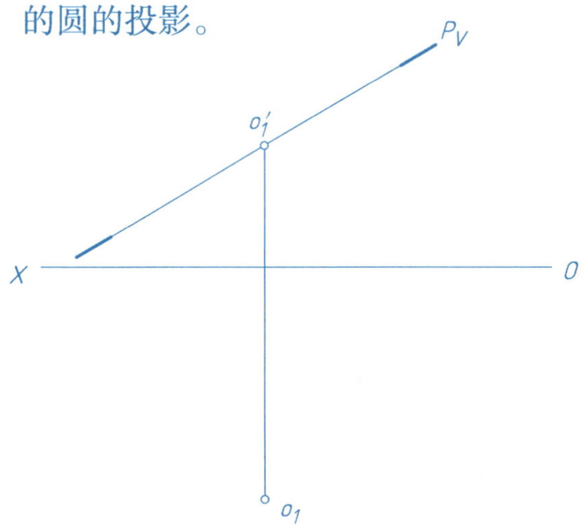

五、直线与平面、平面与平面的相对位置（一）

班级　　　　姓名　　　　学号

1. 过点 *A* 作平行于给定平面 *BDCE* 的正平线。

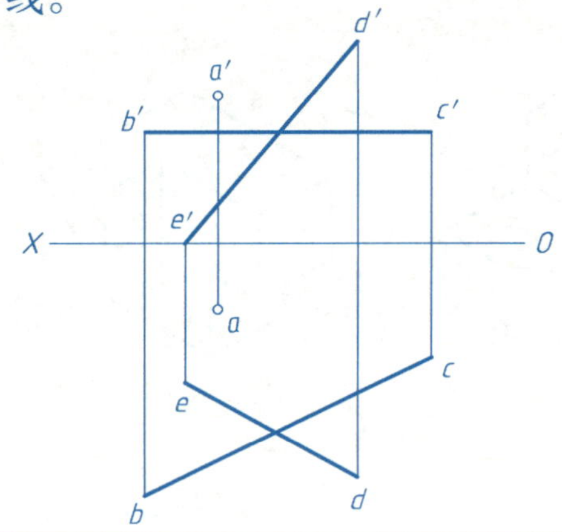

2. 过点 *A* 作平行于给定两条直线的平面。

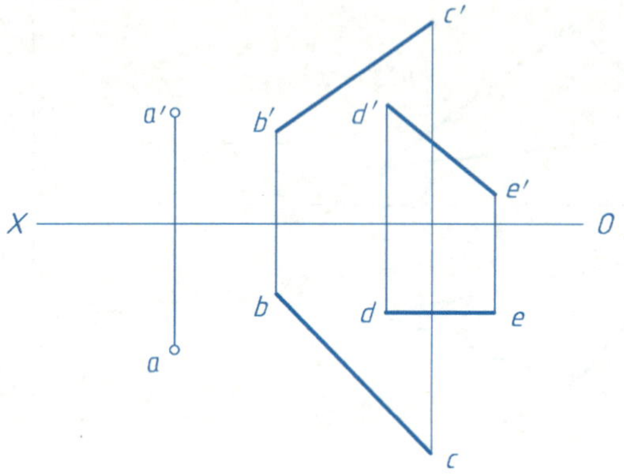

3. 判断直线与平面是否平行。

（1）

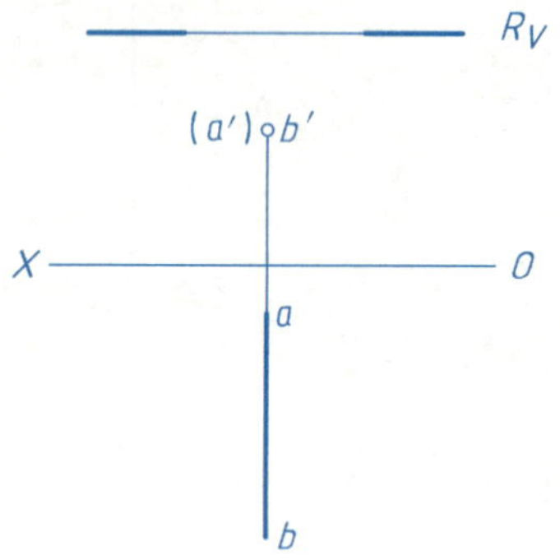

直线 *AB* 与平面 *R* ________

（2）

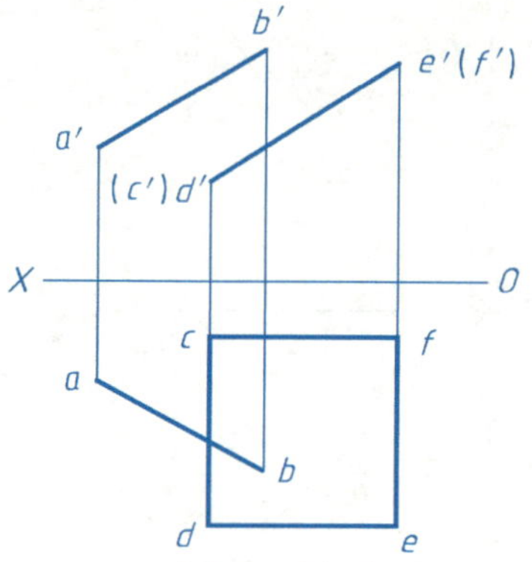

直线 *AB* 与矩形 *CDEF* ________

4. 已知两平面互相平行，求三角形 *ABC* 的水平投影。

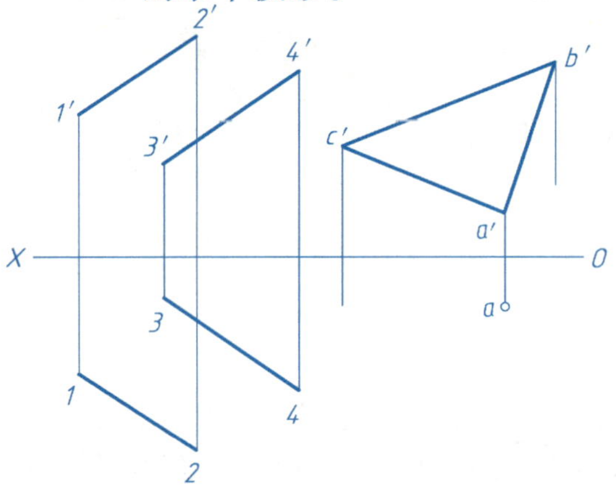

5. 作一水平线 *EF*，距 *H* 面 15mm，并与直线 *AB*、*CD* 相交。

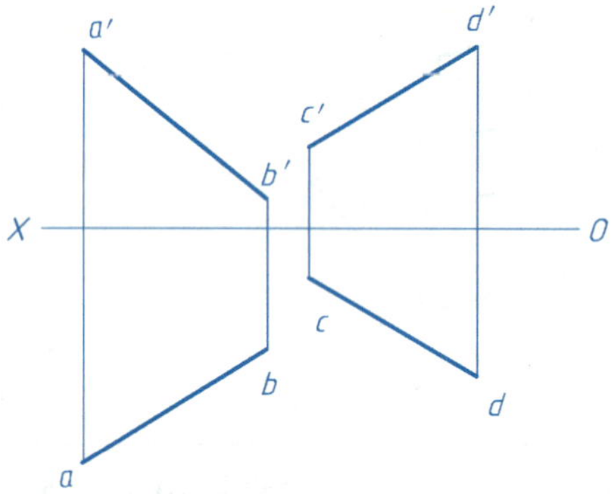

6. 过一点 *K* 作一直线 *KG* 与直线 *AB* 相交，*G* 点在 *Z* 轴上。

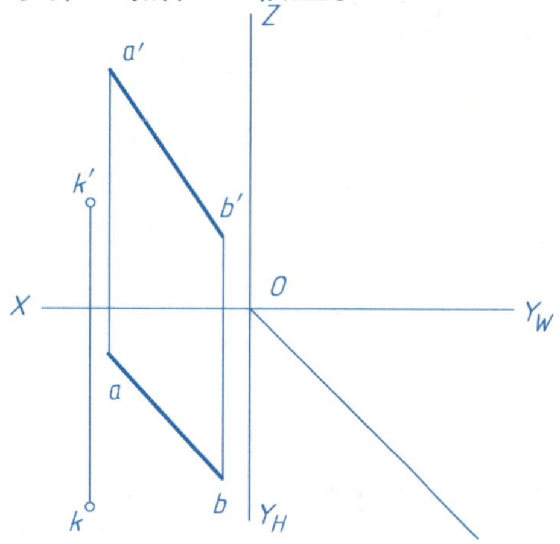

7. 作直线 *MN* 平行于平面 *P* 且与直线 *AB* 相交。

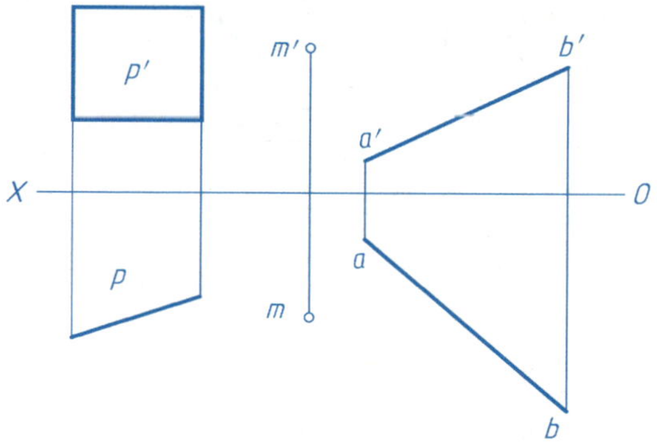

8. 求直线与平面的交点，并表明其可见性。

（1）

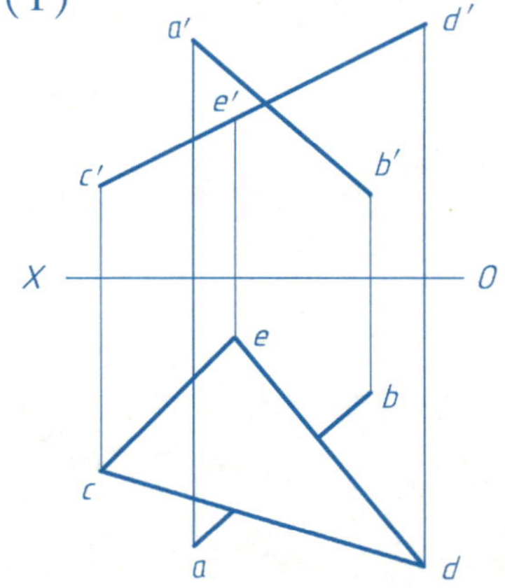

（2）

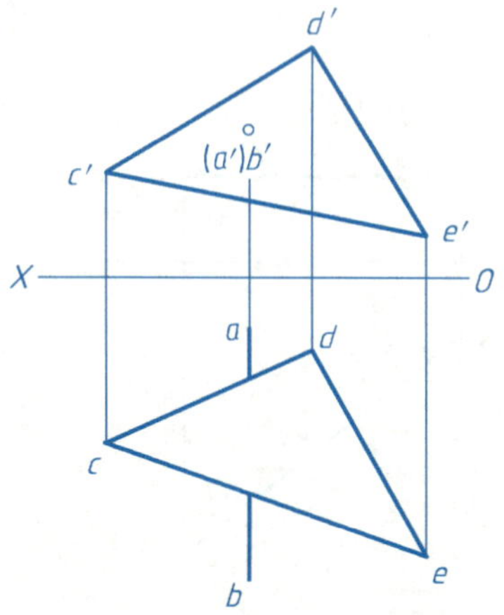

9. 求两平面的交线，并表明其可见性。

（1）

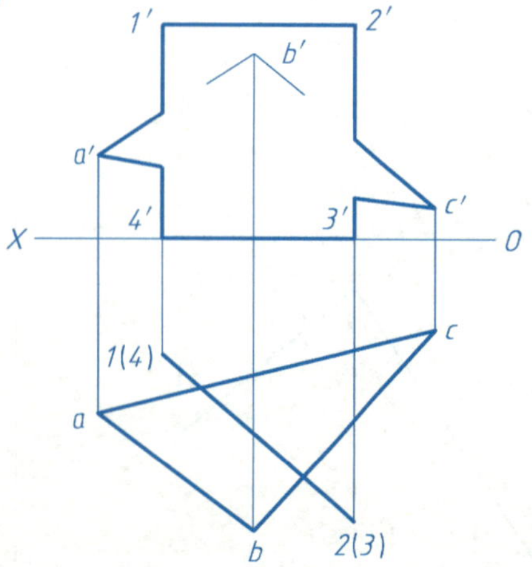

（2）

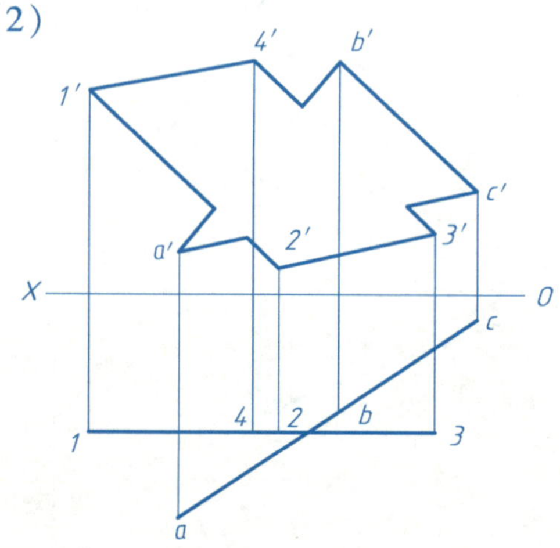

五、直线与平面、平面与平面的相对位置（二）

班级　　　　姓名　　　　学号

10. 判断下列平面是否平行。是打“√”，否打“×”。

（1） *abdc*//*efg*

（2） *ab*//*cd*//*efg*，*a'b'*//*c'd'*//*e'f'*

（1）

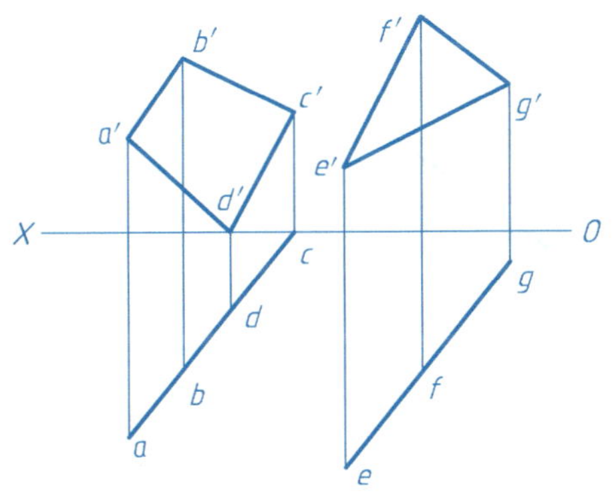

______

（2）

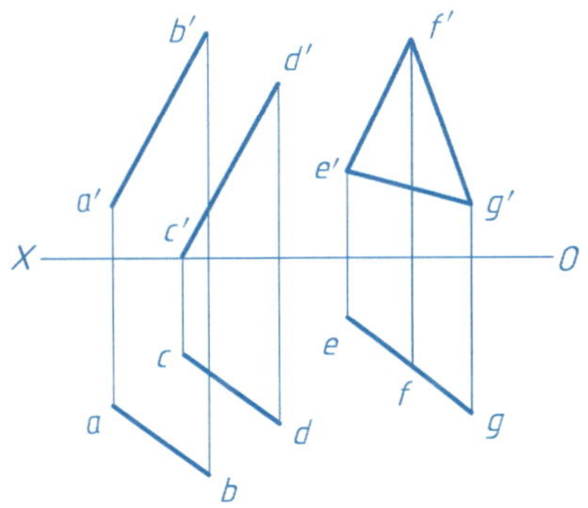

______

11. 判断直线与平面或两平面是否垂直。

（1）

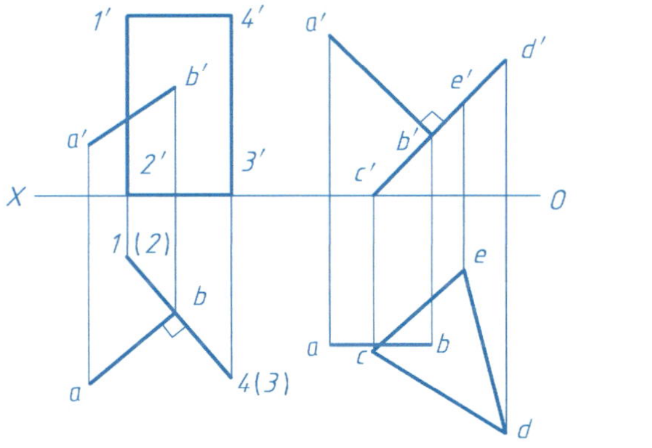

直线 *AB* 与矩形______　　直线 *AB* 与三角形______

（2）

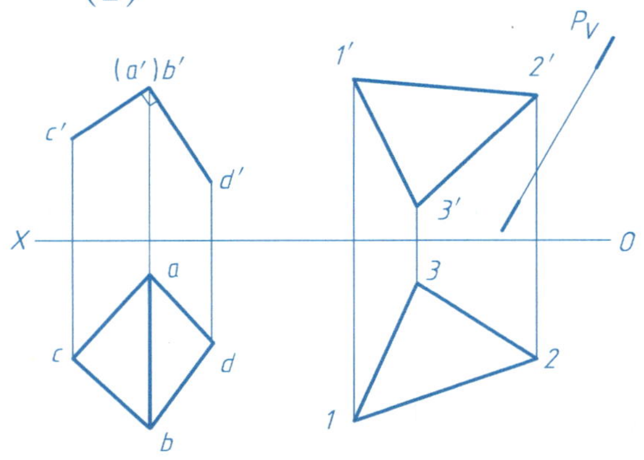

两三角形______　　三角形与 *P* 平面______

12. 过点 *K* 作平面平行于直线 *AB*、*CD* 所确定的平面。

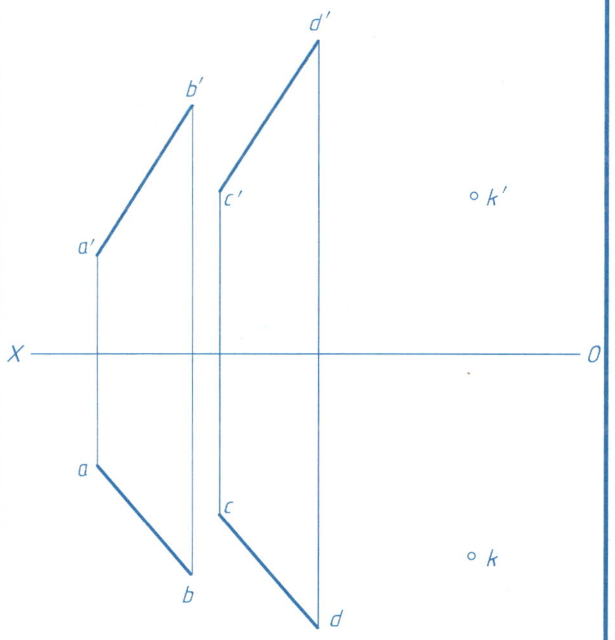

13. 两平面相交的正确投影是（　　）。

（1）

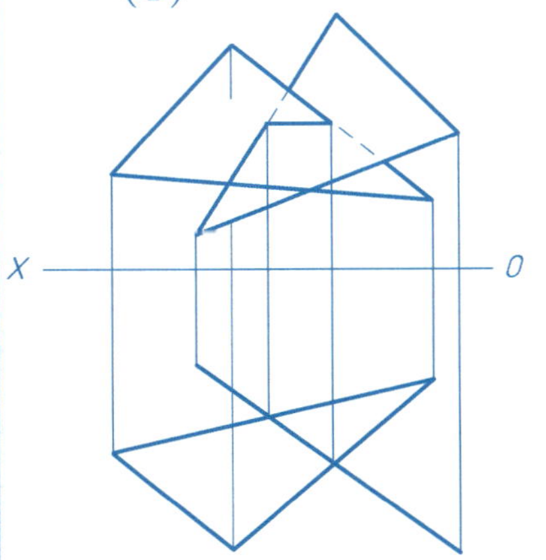

（2）

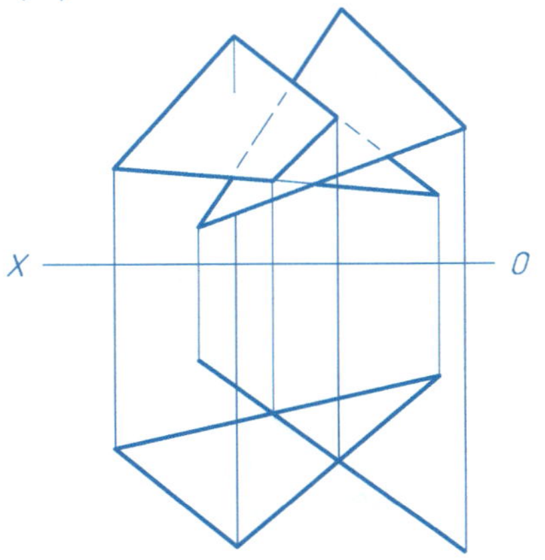

（3）

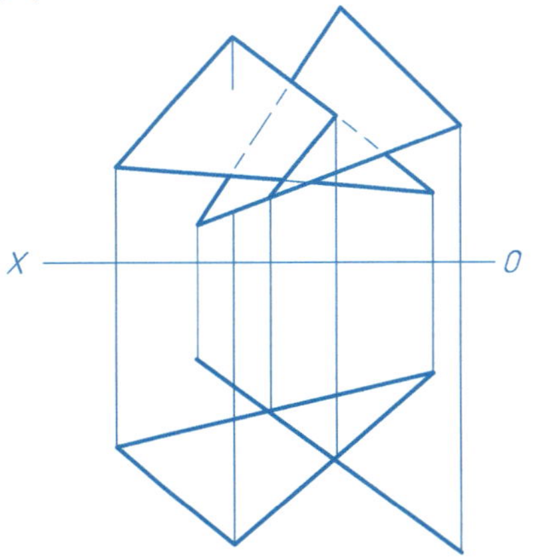

（4）

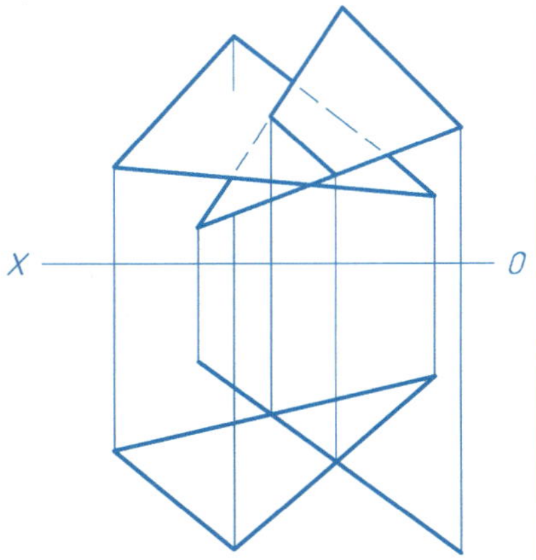

14. 过点 *A* 作平面 *R*（*AB*、*AC*）与 *P*、*Q* 两平面垂直。

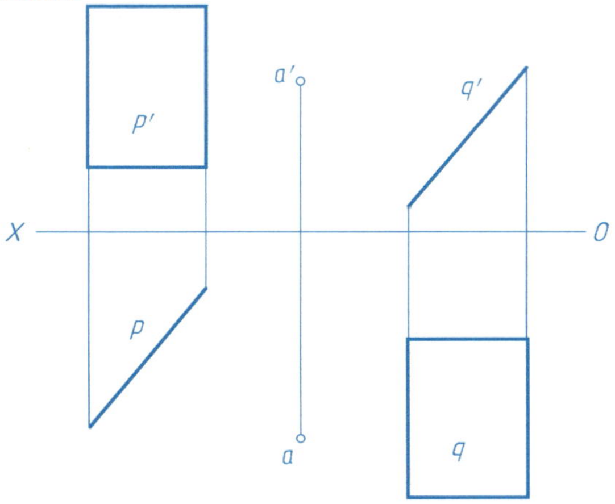

六、换面法

班级　　　　姓名　　　　学号

1. 求直线 *AB* 的实长及其对 *H* 面、*V* 面的倾角 α、β。

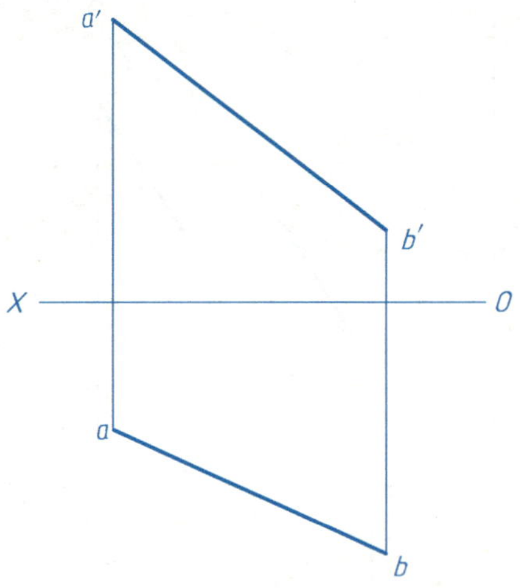

2. 已知直线 *AB* 对 *H* 面的倾角为 30°，求其正面投影 *a′b′*。

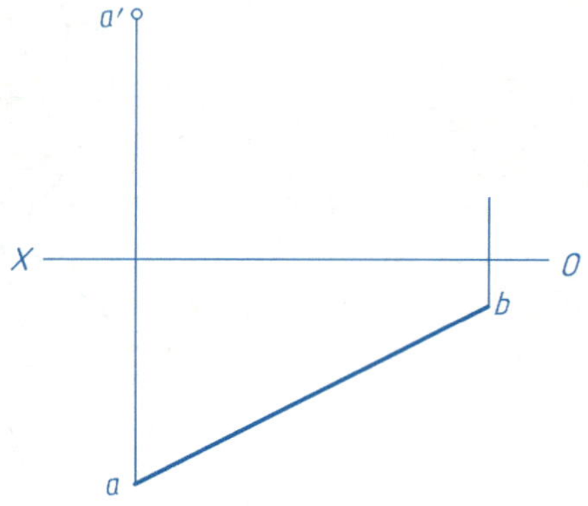

3. 求∠*ABC* 的实际大小。

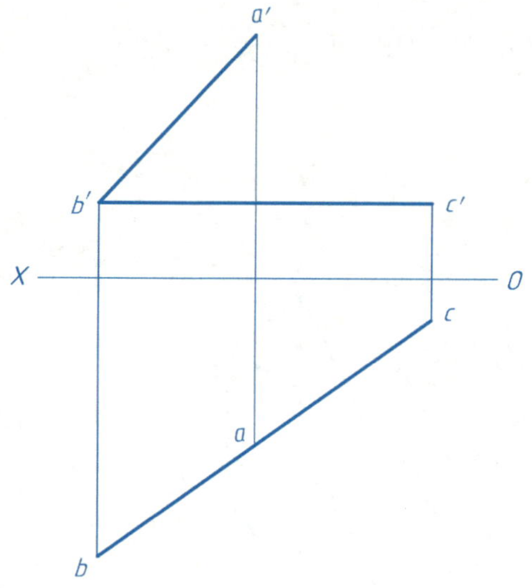

4. 求平行四边形 *ABCD* 平面对 *W* 面的倾角 γ，并求其实形。

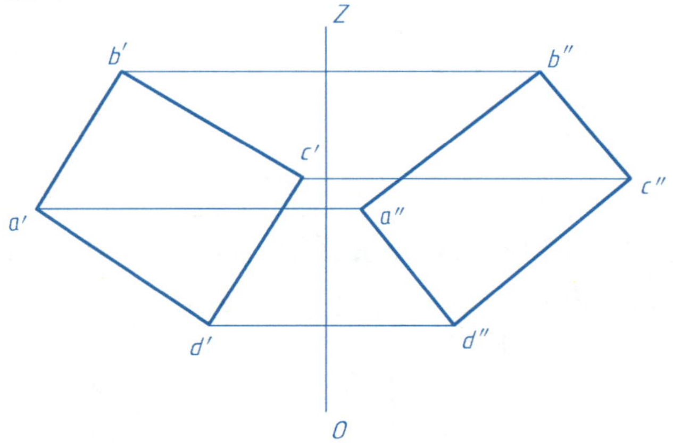

5. 求点 *K* 至直线 *AB* 的距离，并作出表示距离的线段在 *H* 面、*V* 面上的投影。

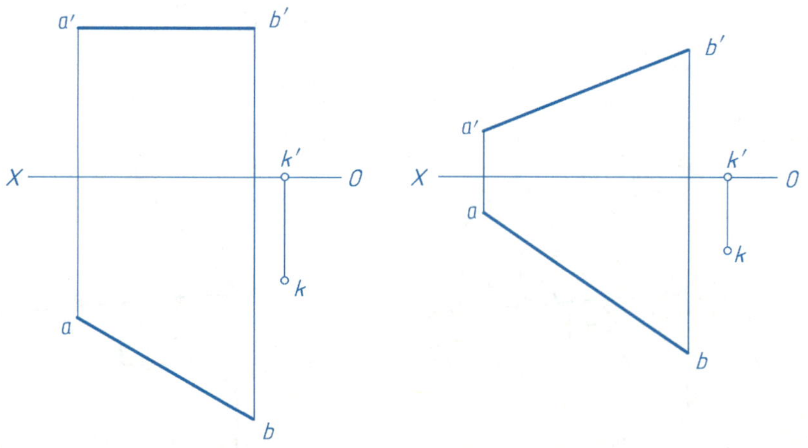

6. 求两个三角形平面的夹角。

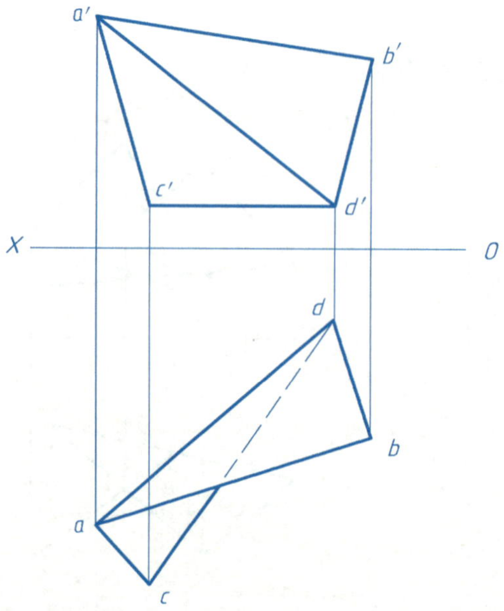

七、平面立体的投影

班级　　　　姓名　　　　学号

1. 完成五棱柱及其表面上点 A 和点 B 的三面投影。

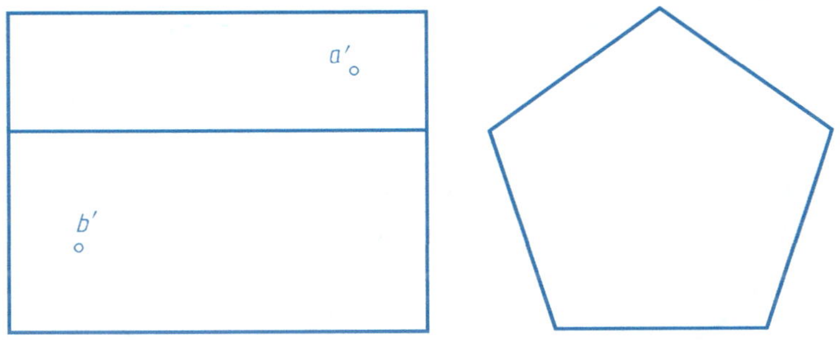

2. 完成三棱锥及其表面上点 A 和点 B 的三面投影。

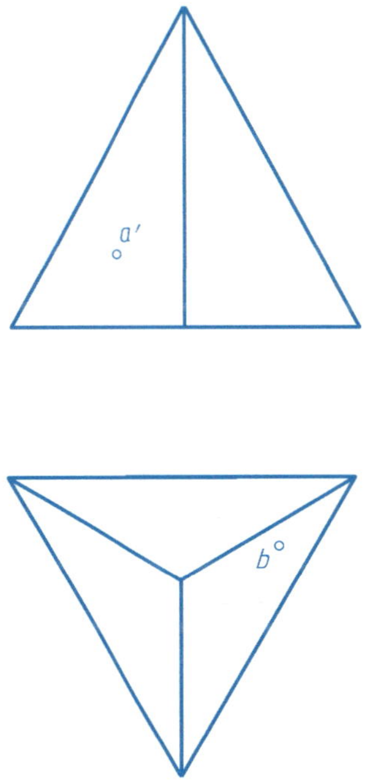

3. 完成四棱锥及其表面上点 E 和点 F 的三面投影。

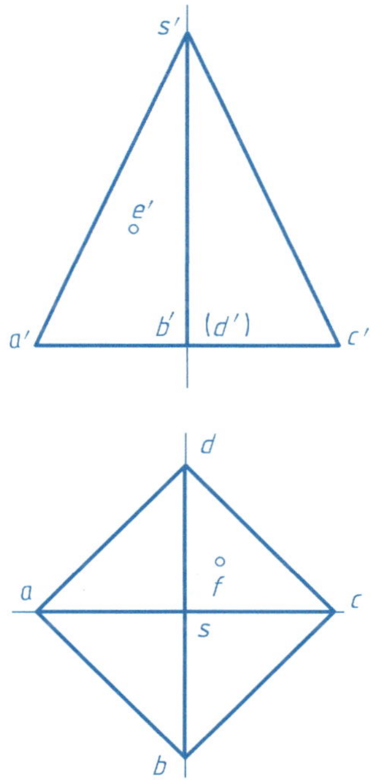

4. 正五棱柱高 30mm。已知其水平投影，求正面投影和侧面投影。

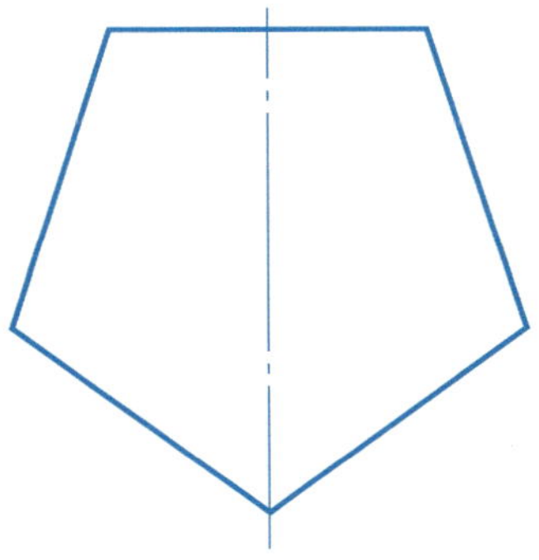

5. 正五棱锥高 30mm。已知其水平投影，求正面投影和侧面投影。

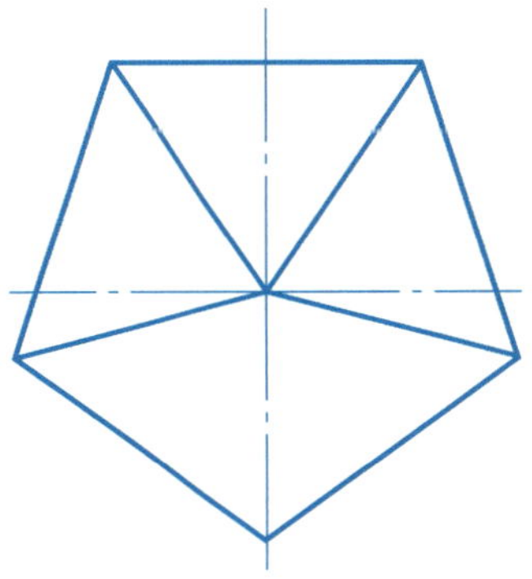

6. 完成上、下底为水平面，高为 35mm 的正六棱柱的正面投影和侧面投影。

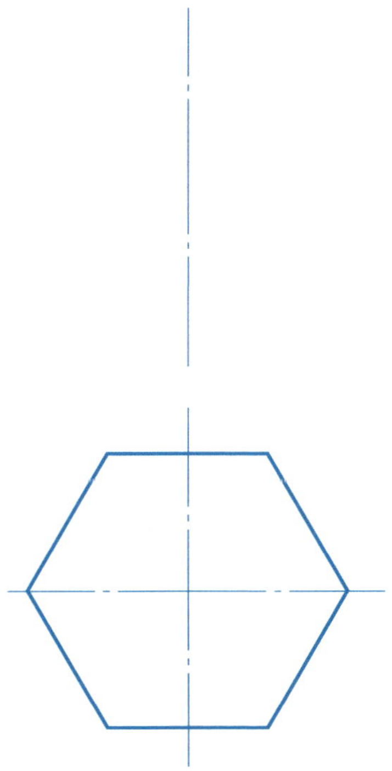

八、曲面立体的投影

班级　　姓名　　学号

1. 作出下列各立体的第三面投影，并补全立体表面上各点的其余投影。

(1)

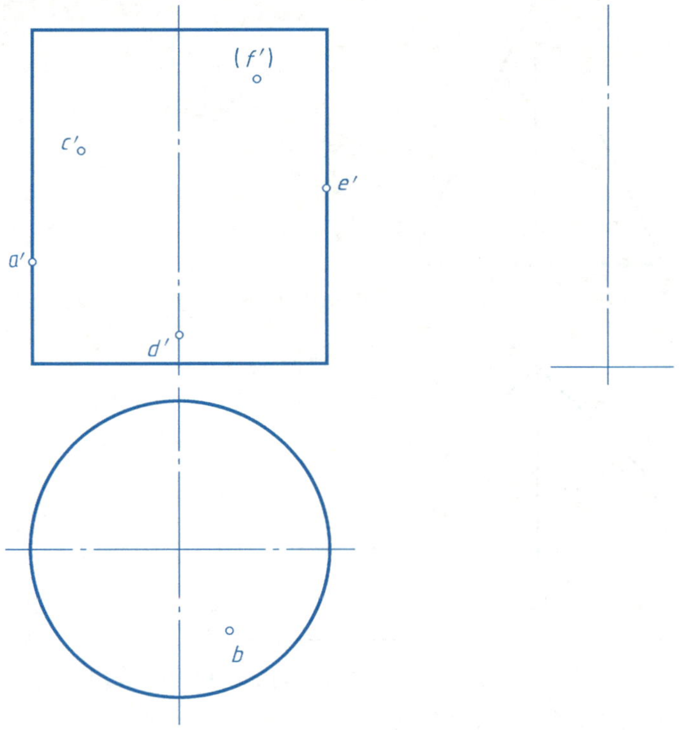

(2)

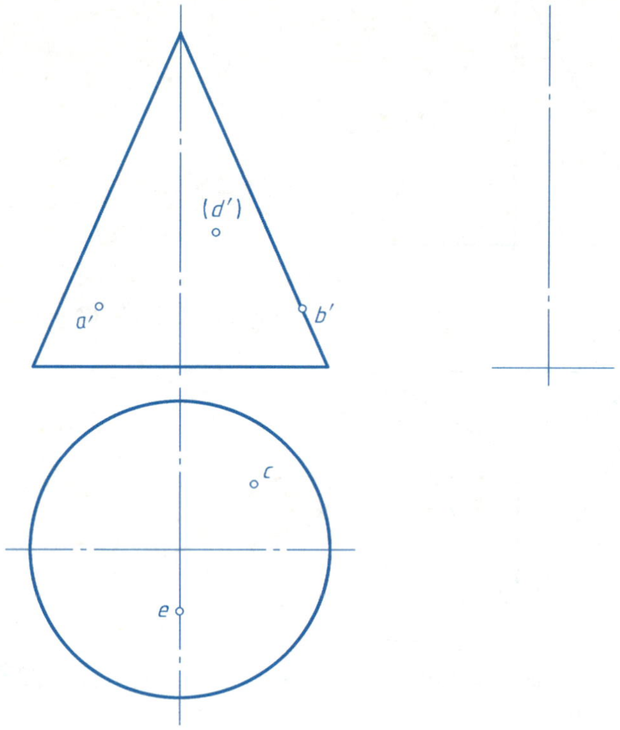

(3)

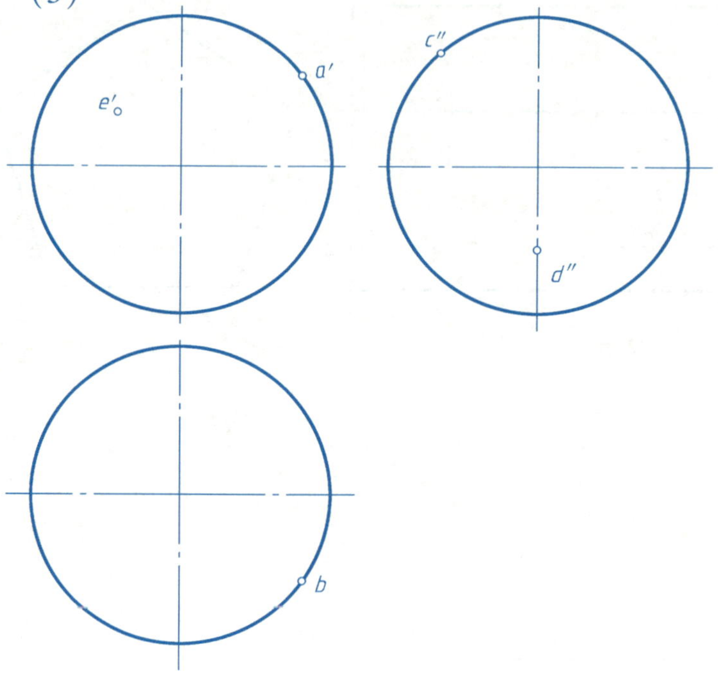

2. 完成不完整圆柱的三面投影。

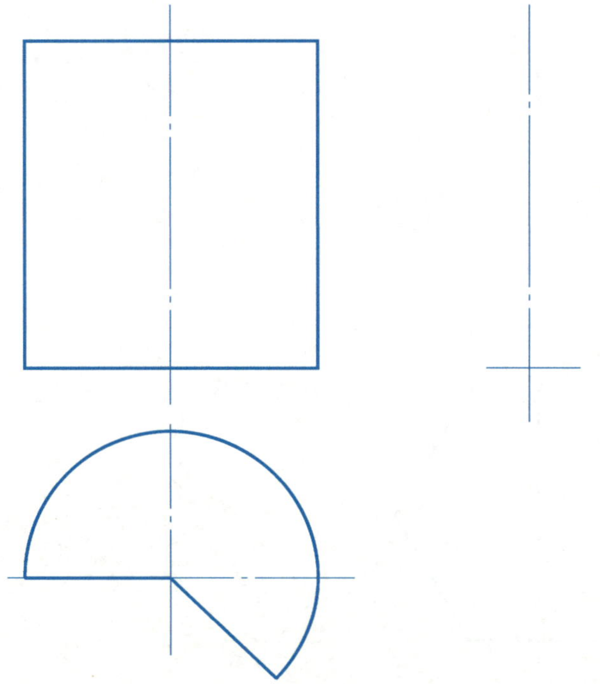

3. 完成 1/4 圆锥台的三面投影。

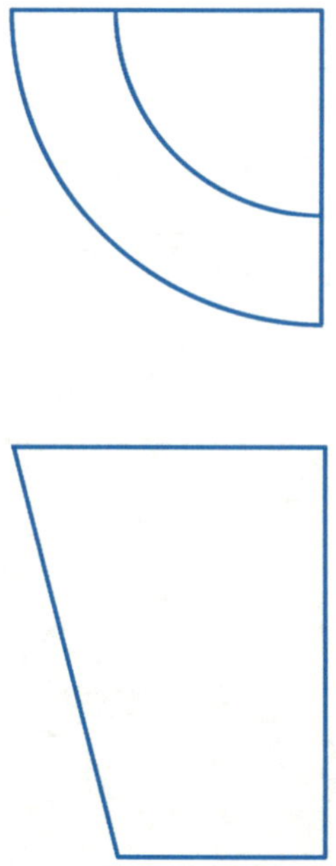

4. 完成 1/4 圆球的三面投影。

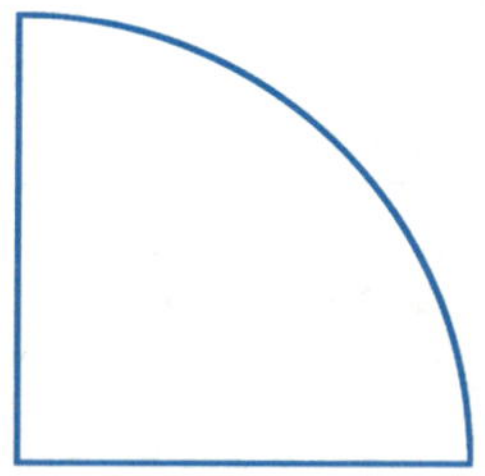

九、平面与立体相交（一）

班级　　　　姓名　　　　学号

1. 完成截切立体的侧面投影。

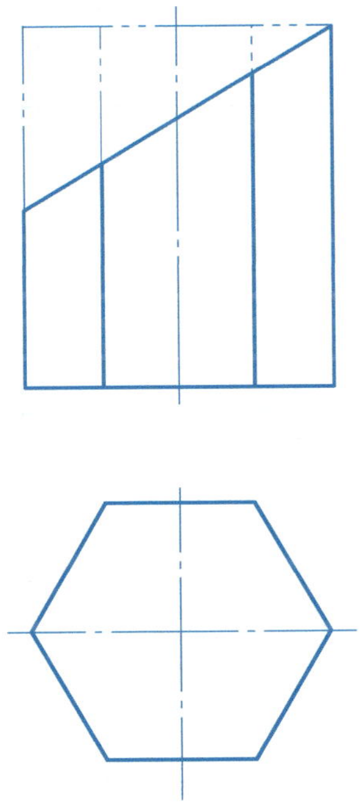

2. 完成截切立体的三面投影。

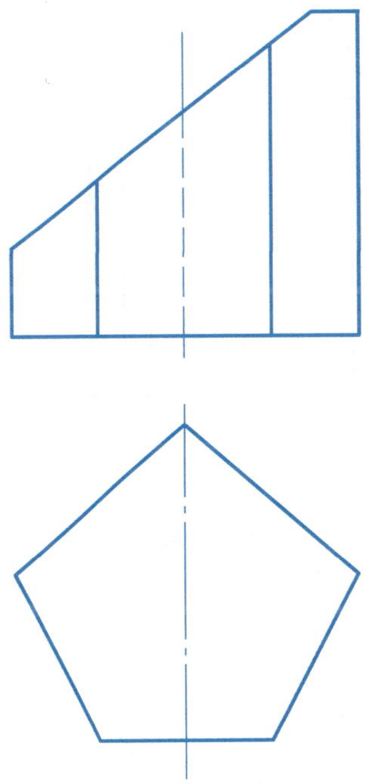

3. 完成切口三棱锥的三面投影。

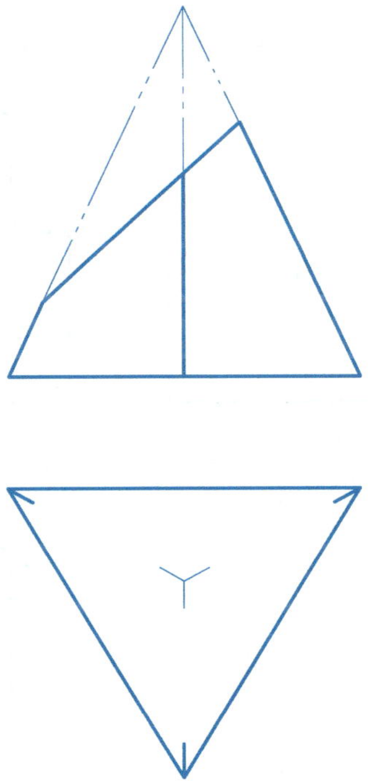

4. 完成截切立体的三面投影。

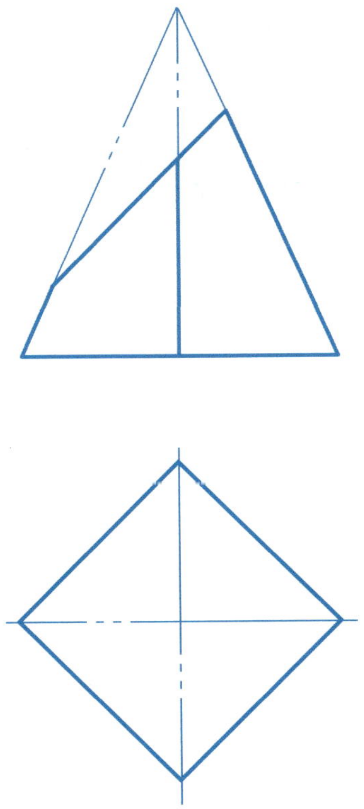

5. 完成截切六棱锥台的三面投影。

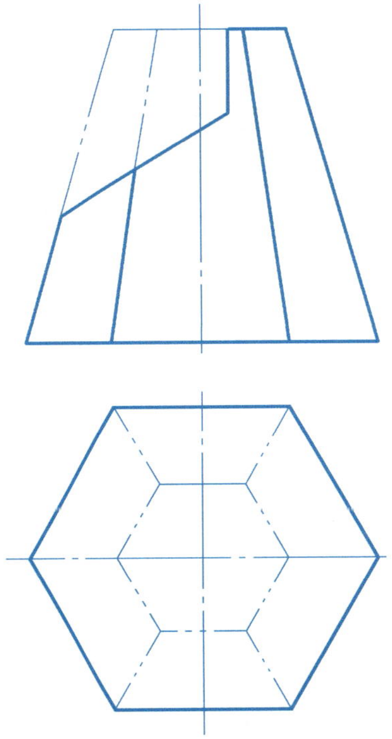

6. 完成切口立体的三面投影。

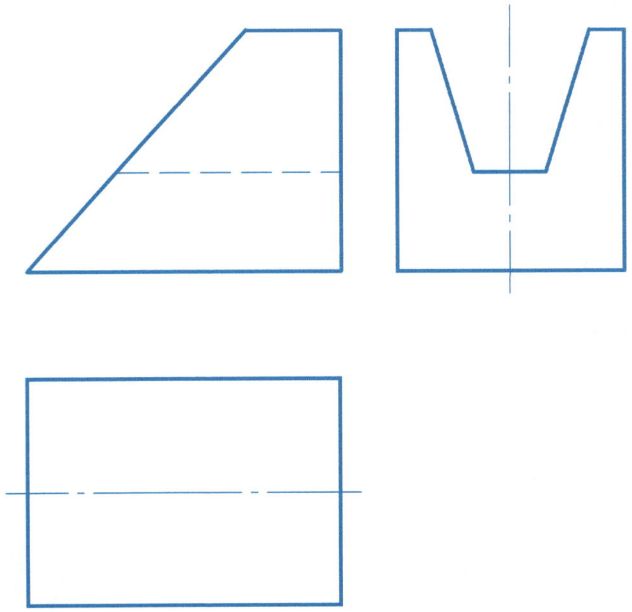

7. 分析下列圆柱被平面截切后所形成的截交线的形状和位置，并完成其三面投影。

(1)

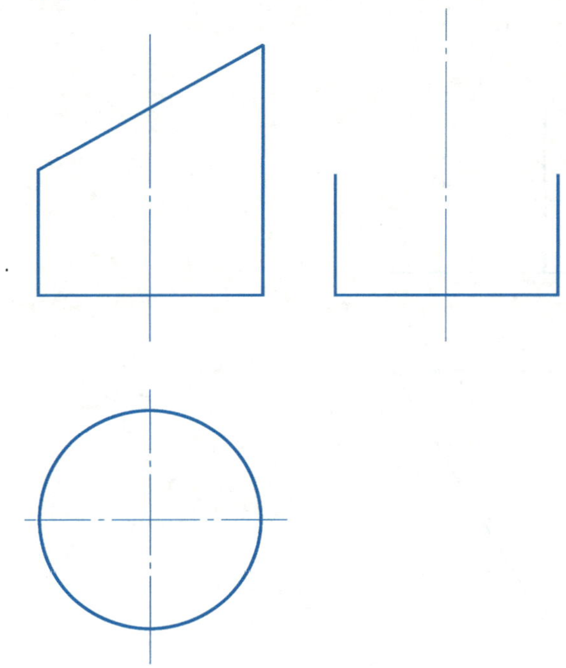

(2)

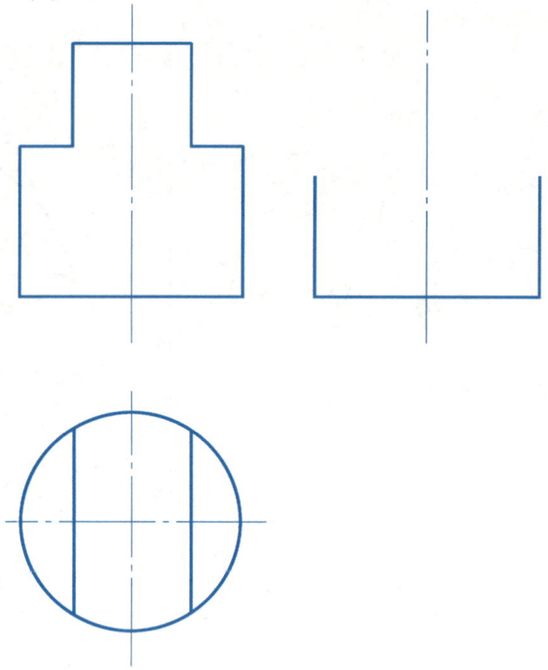

(3)

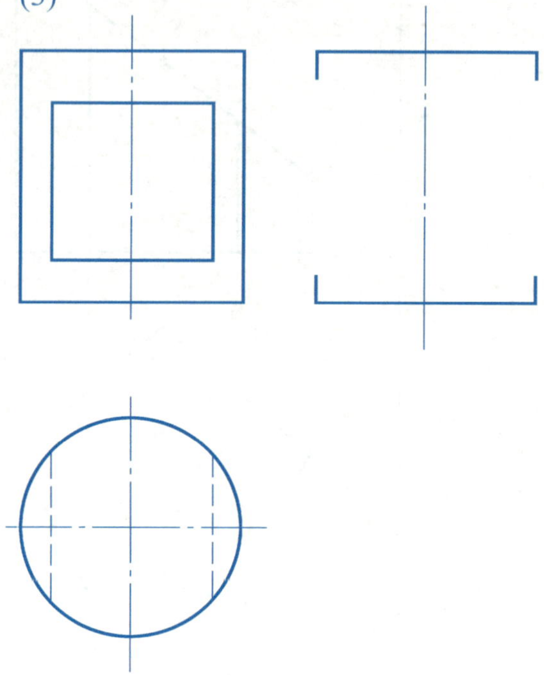

(4)

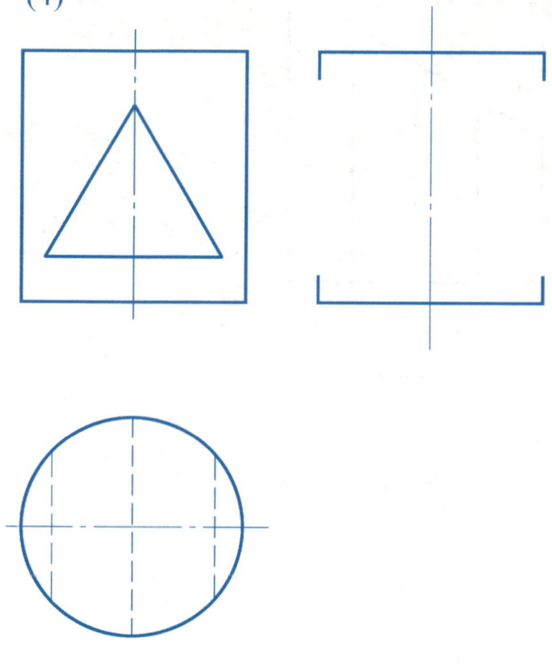

(5)

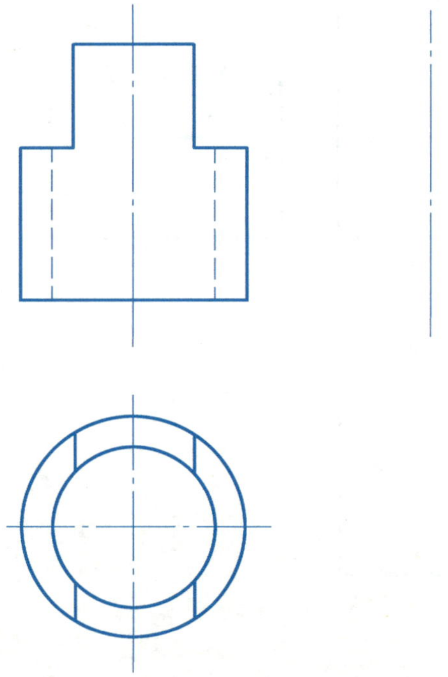

(6)

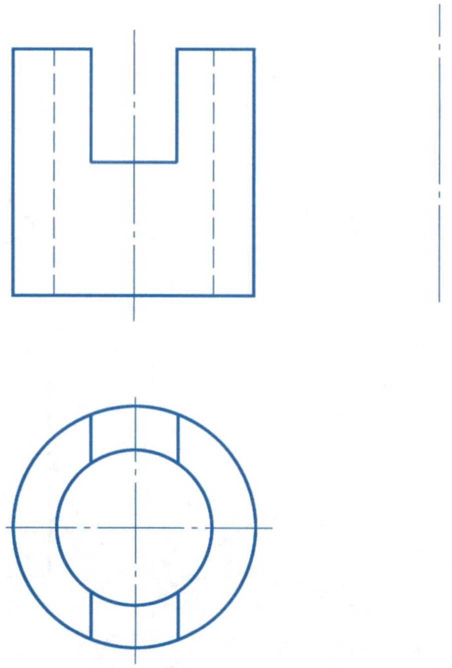

(7)

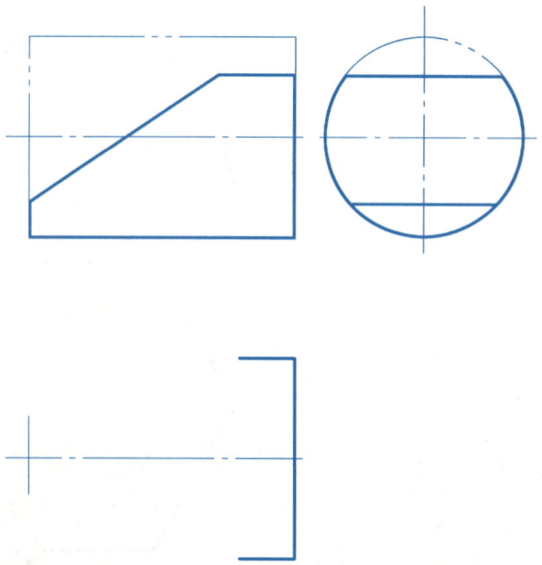

(8)

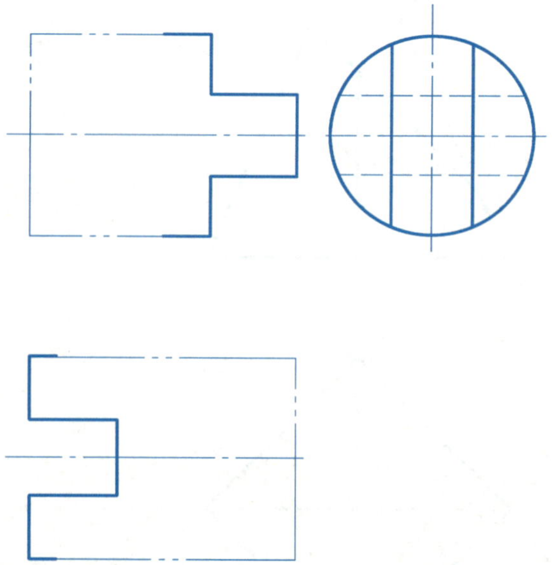

8. 分析下列圆柱与圆锥被平面截切后所形成的截交线的形状和位置，并完成其三面投影。

(1)

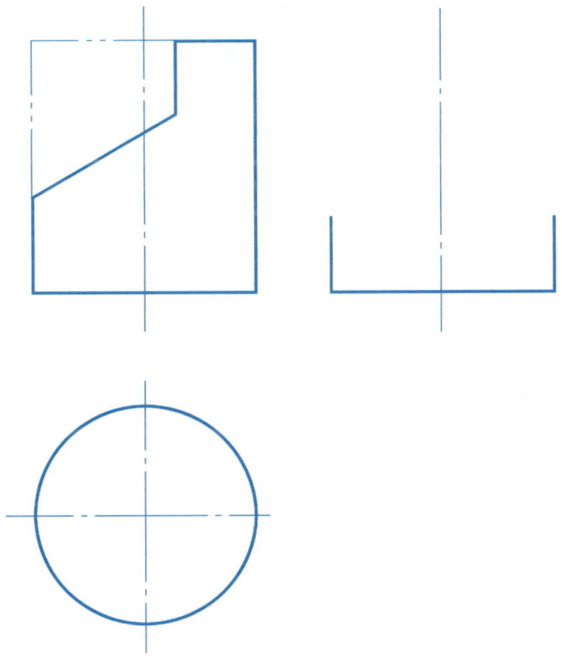

(2)

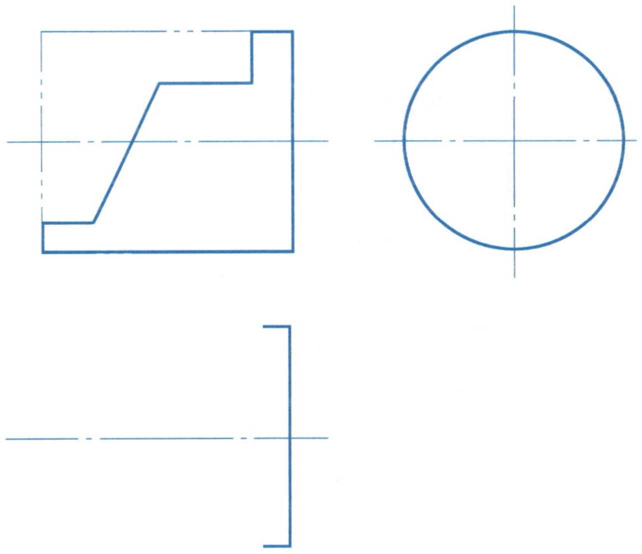

(3)

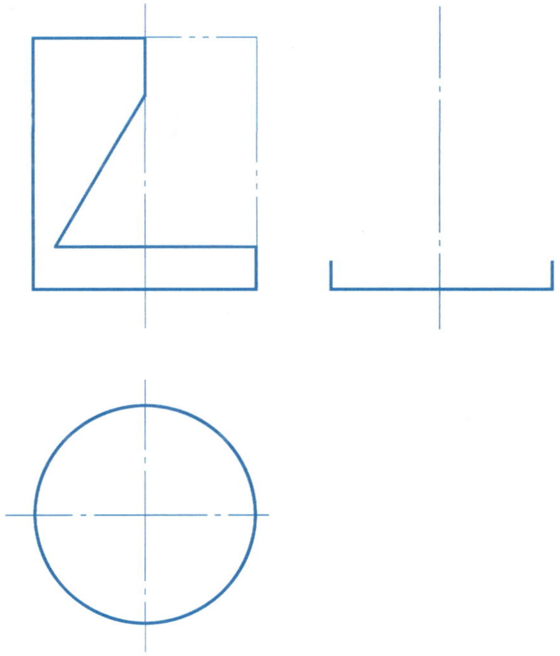

(4)

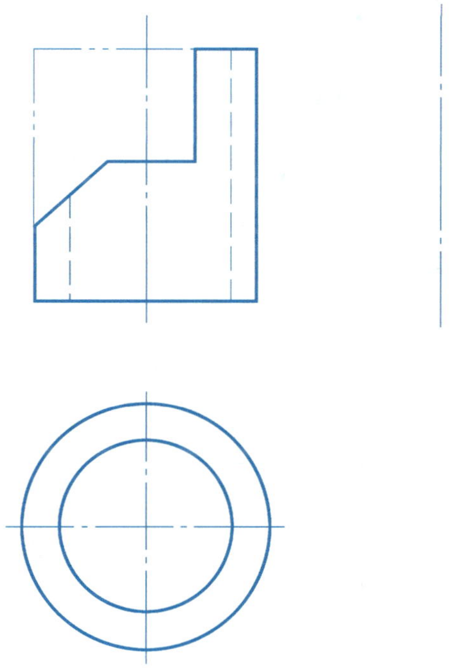

(5)

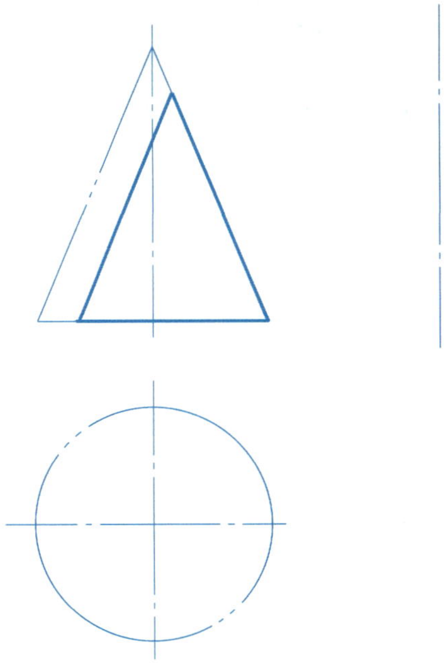

(6)

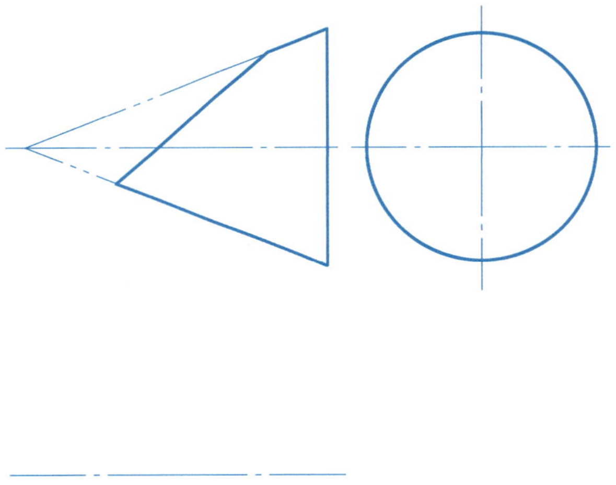

(7)

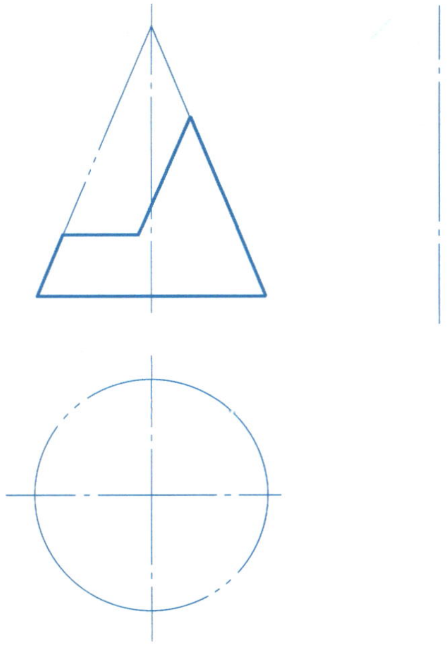

(8)

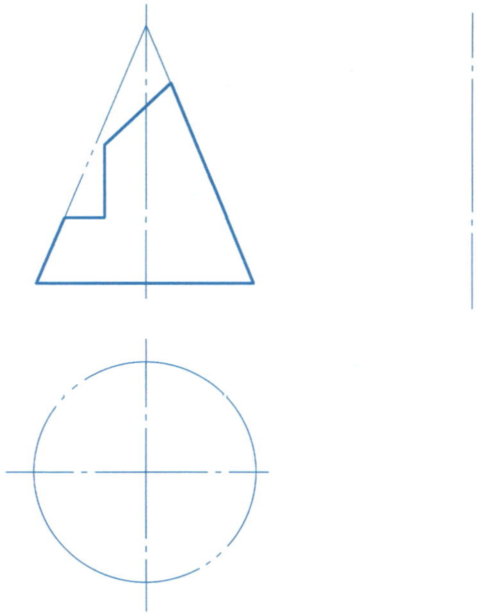

九、平面与立体相交（四）

班级　　　　姓名　　　　学号

9. 分析下列回转体被平面截切后所形成的截交线的形状和位置，并完成它们的三面投影。

（1）

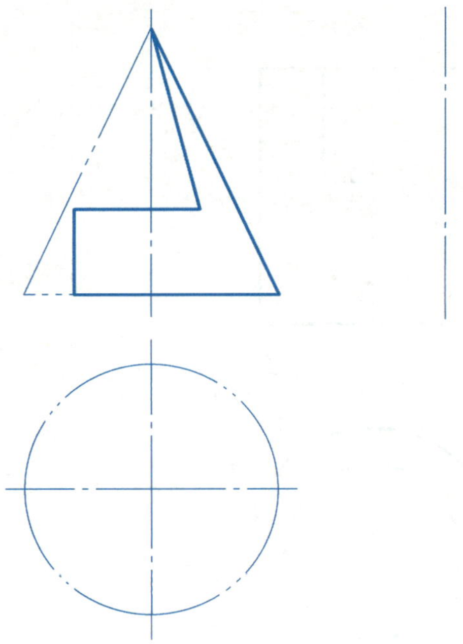

（2）

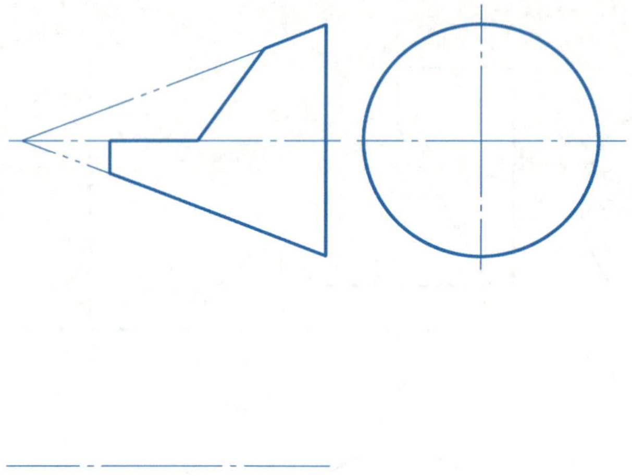

（3）

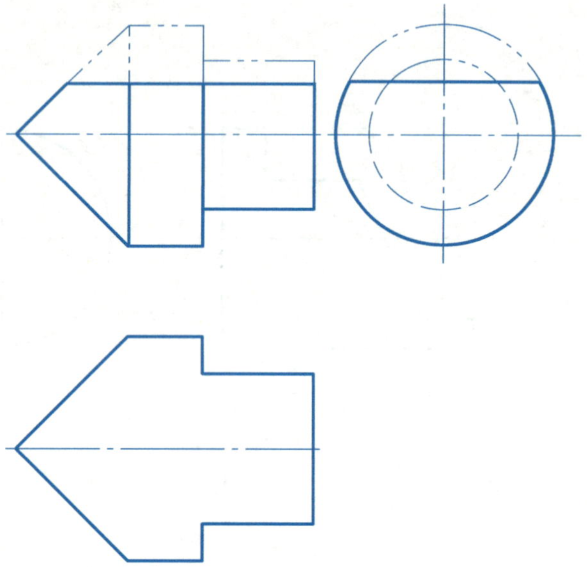

（4）

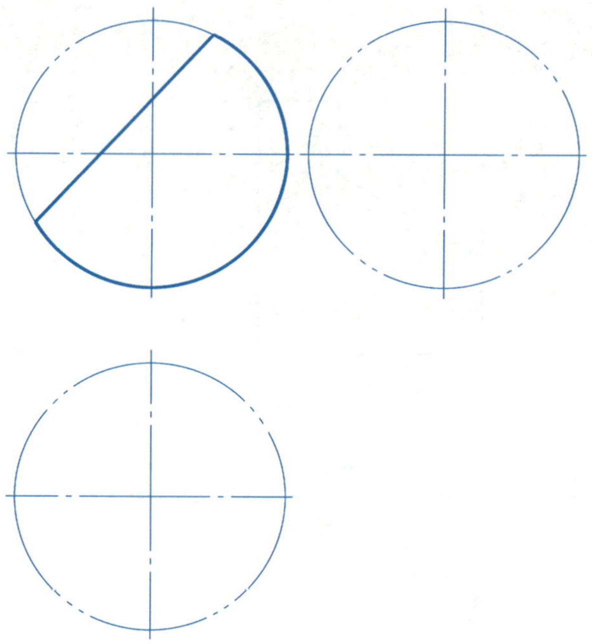

（5）

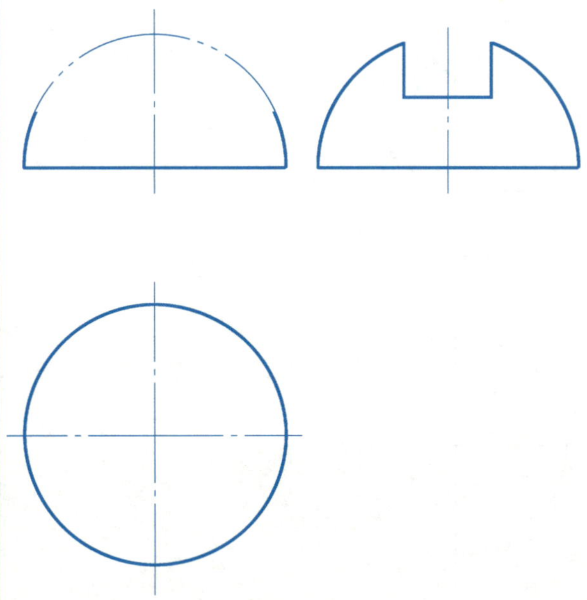

（6）

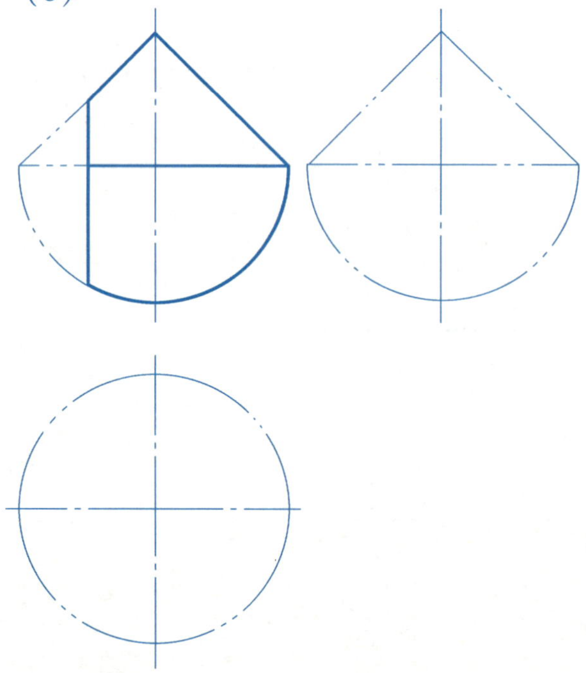

10. 完成截切体的三面投影。

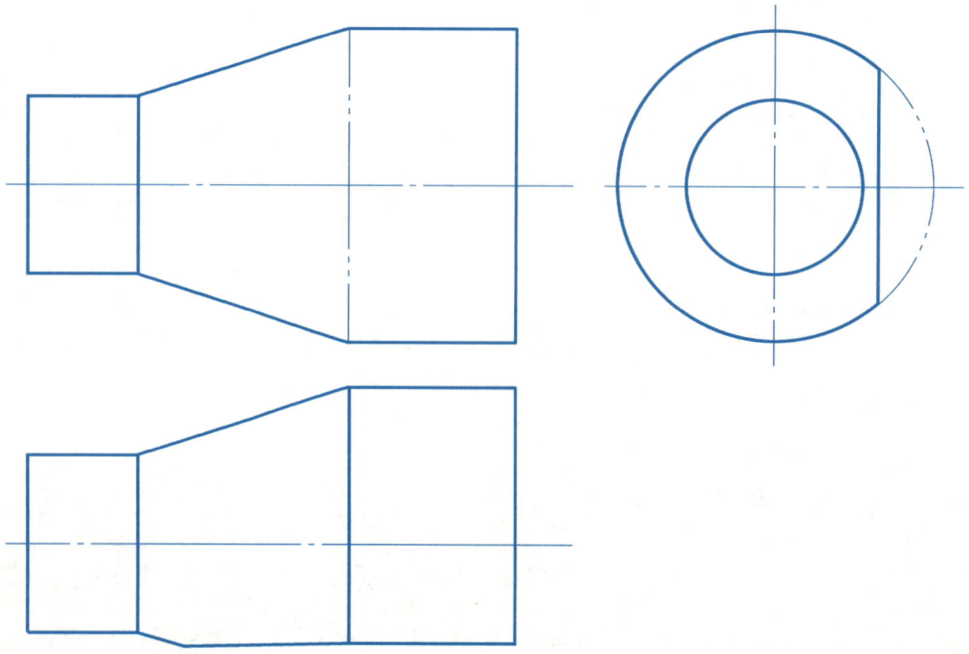

班级　　　　姓名　　　　学号

1. 求两圆柱的相贯线。

（1）

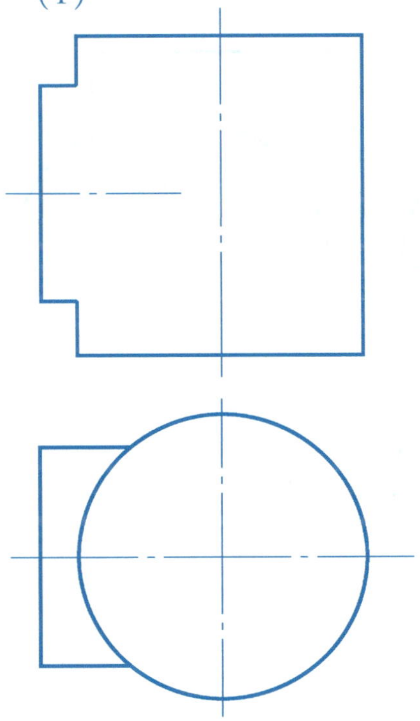

（2）

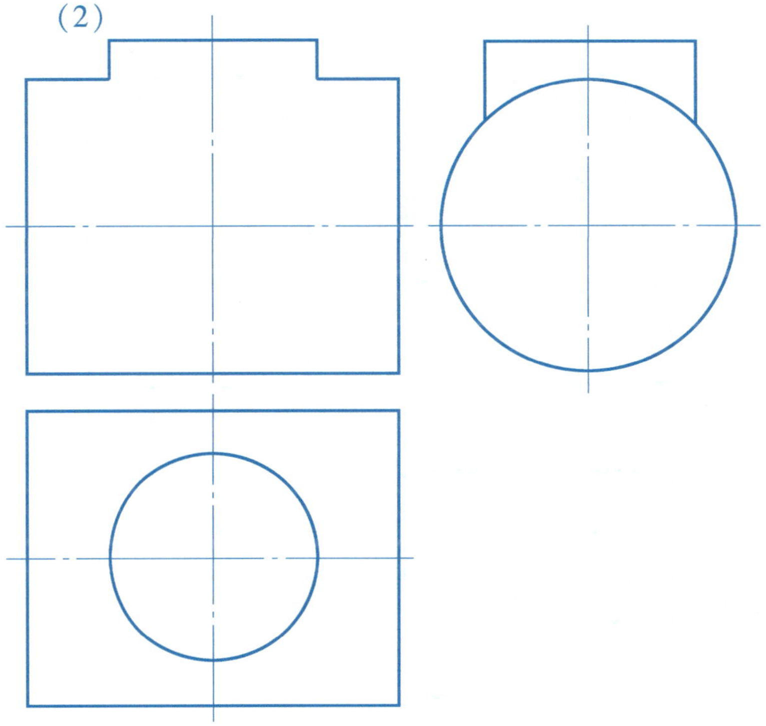

2. 补全长方体内两圆柱孔的轮廓线，并求出其相贯线。

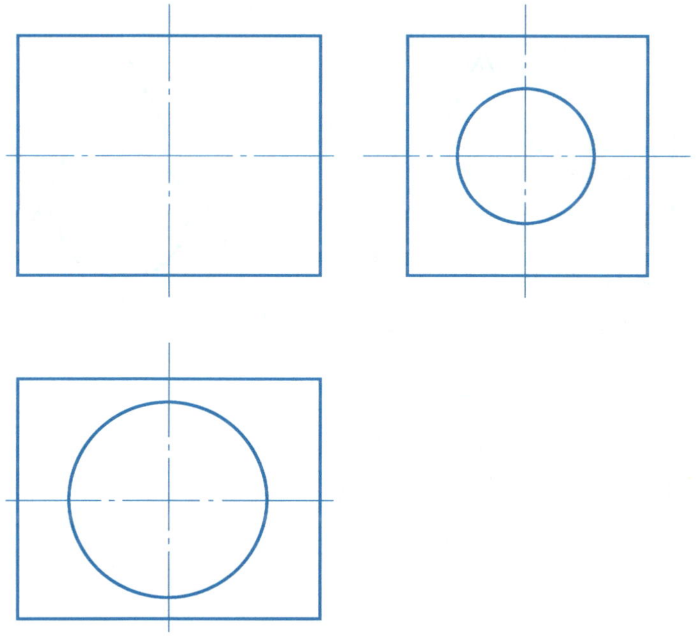

3. 求穿孔立体的第三面投影。

（1）

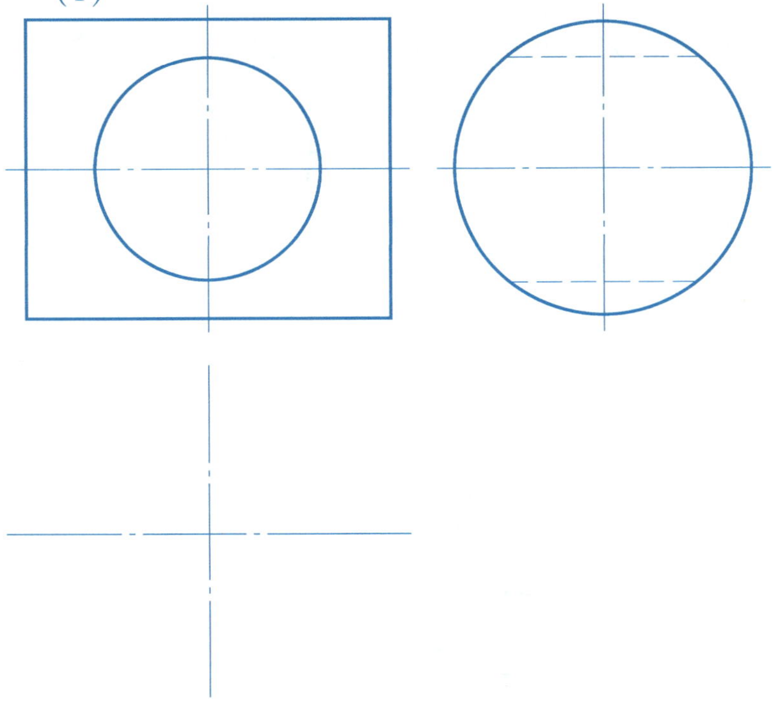

（2）

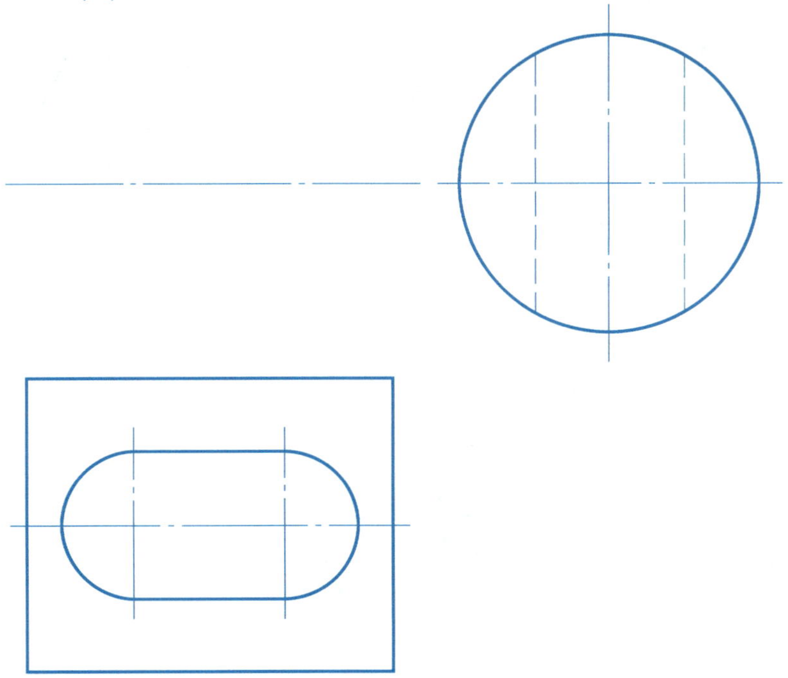

4. 补全相贯线的侧面投影。

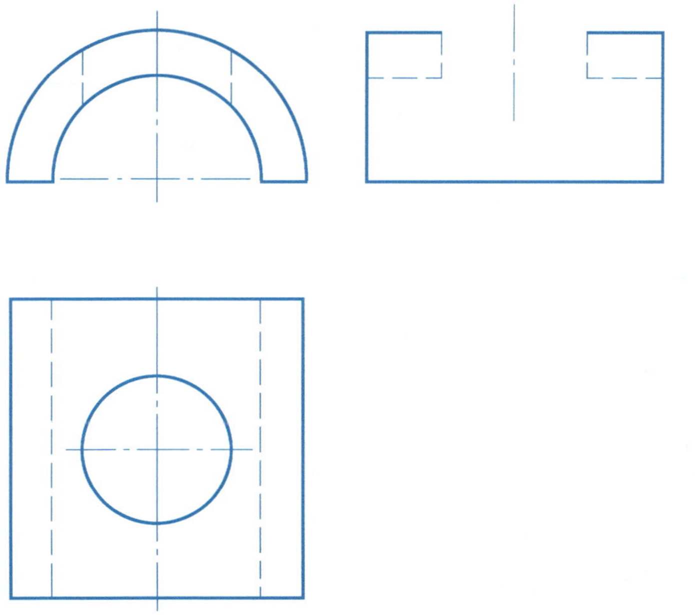

5. 求相贯体的三面投影。

（1）

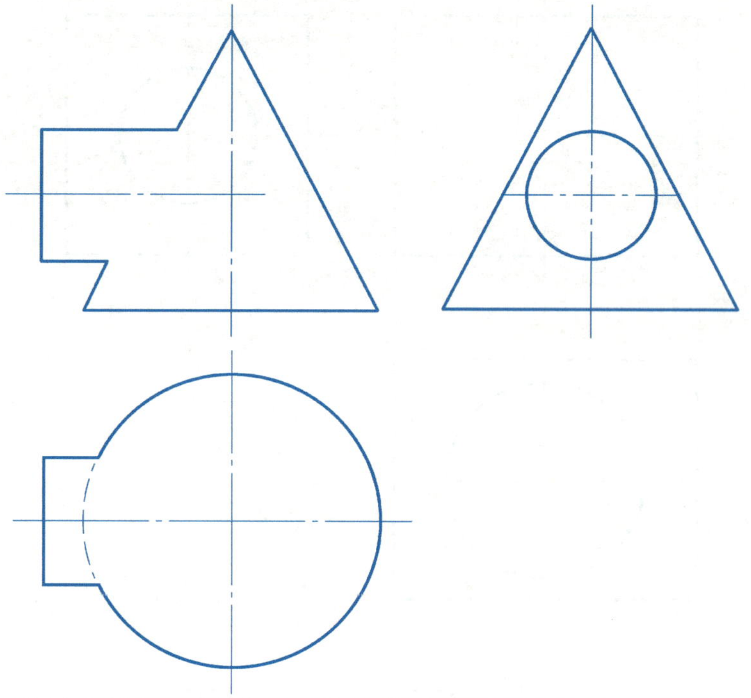

（2）

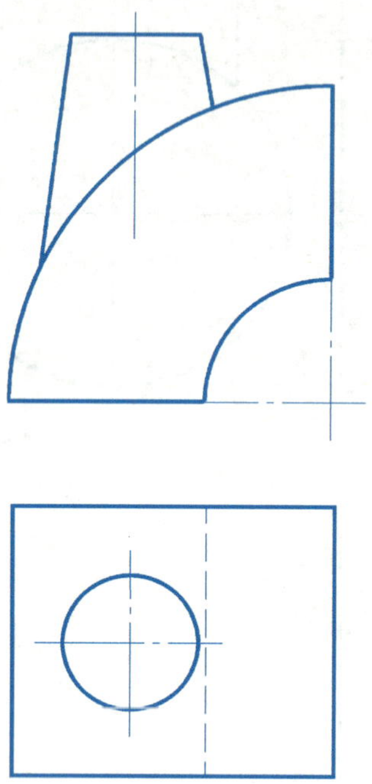

（3）

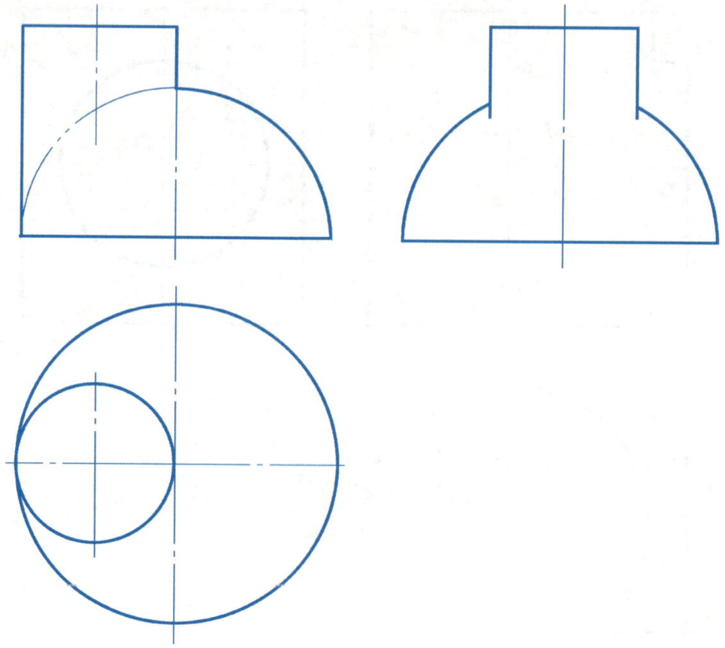

6. 求穿孔立体的三面投影。

（1）

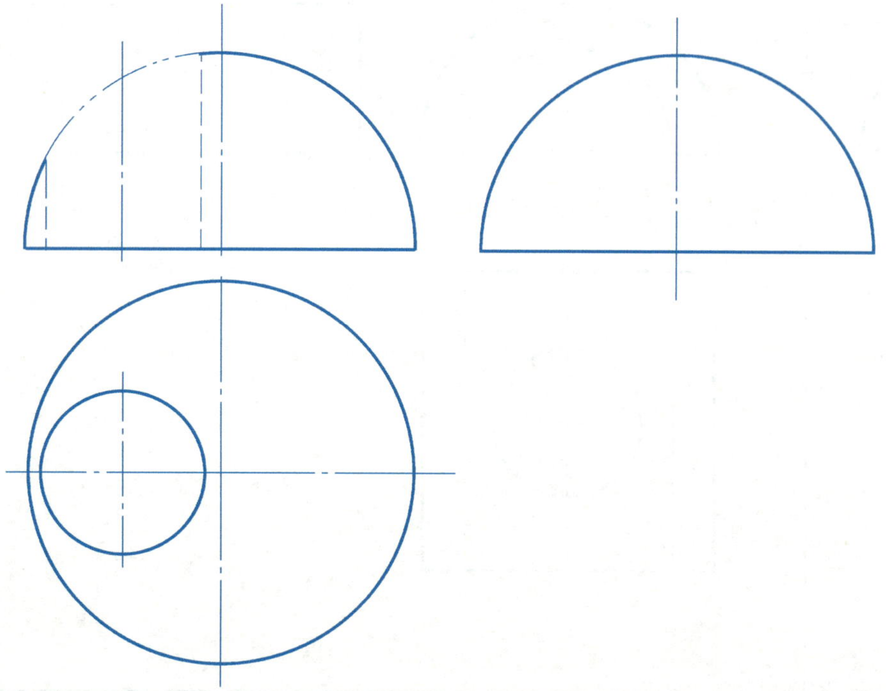

（2）

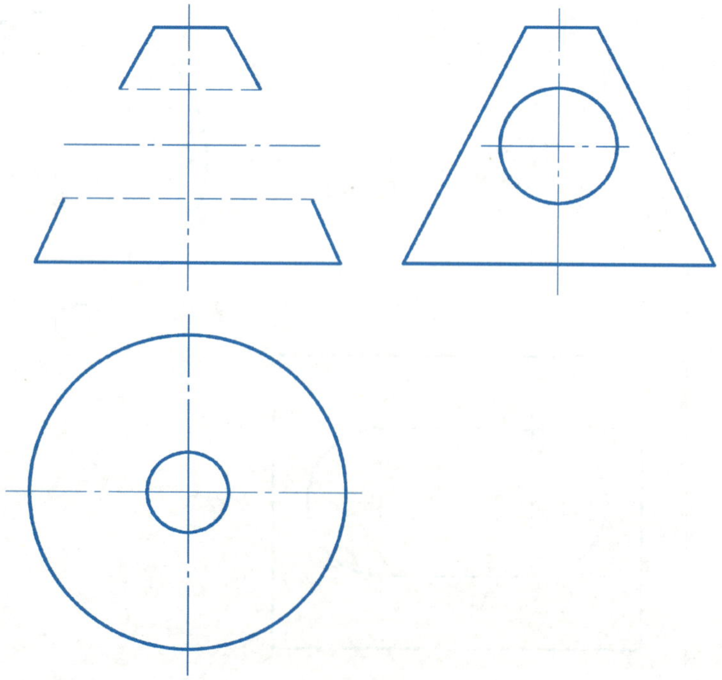

7. 求立体的相贯线。

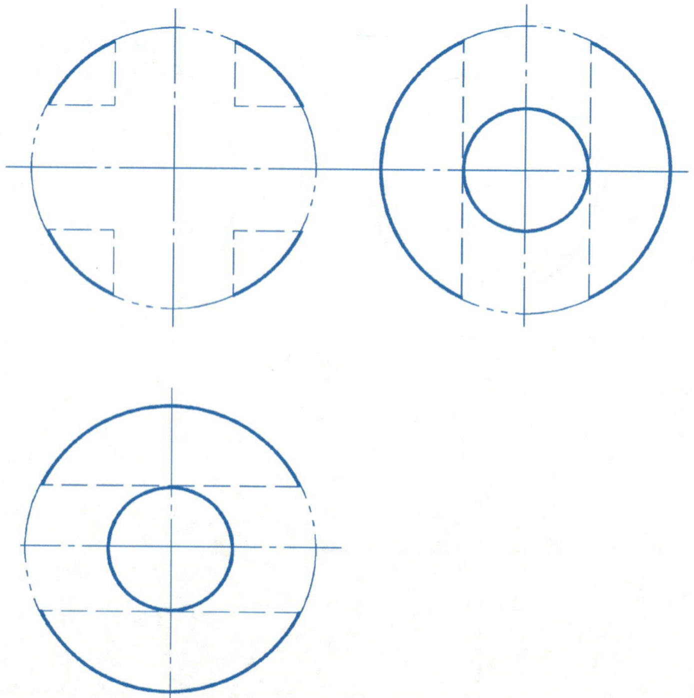

8. 补全圆柱与圆锥相贯立体的投影。

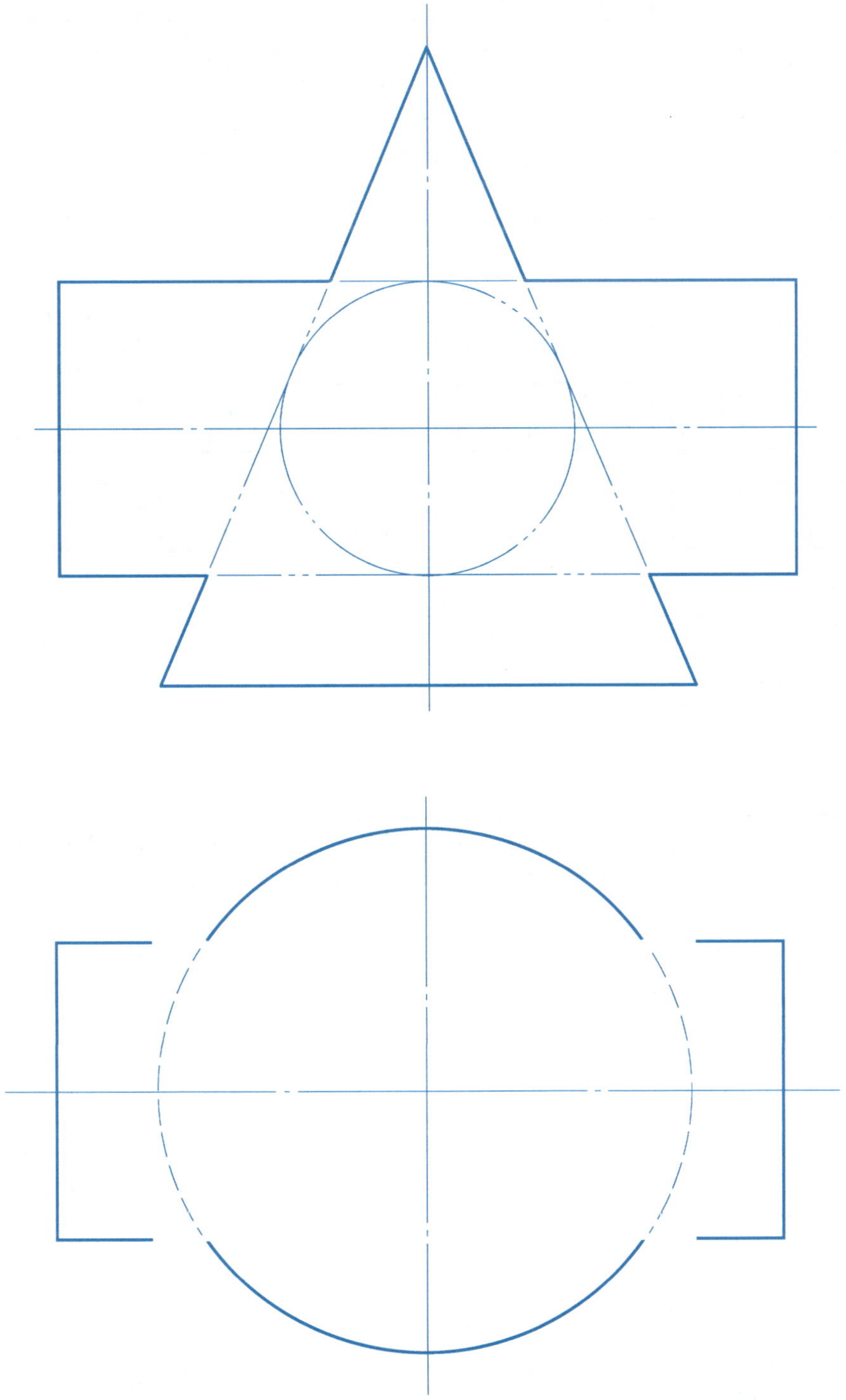

9. 完成立体的投影。

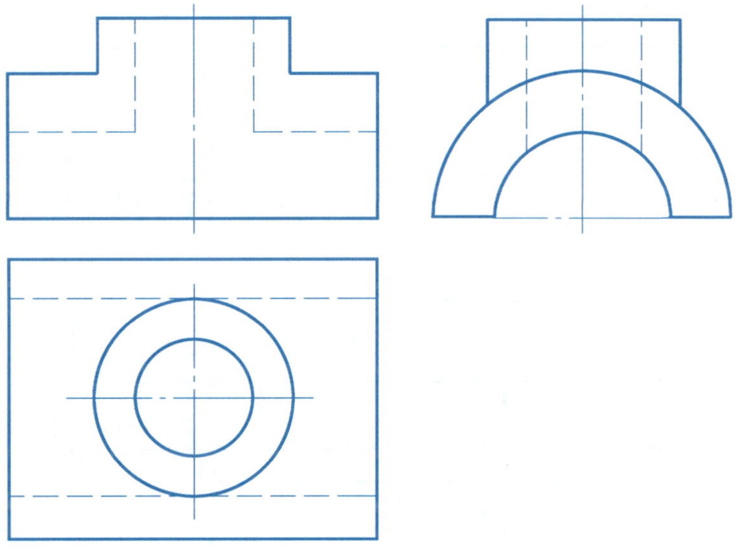

10. 求立体的正面投影。

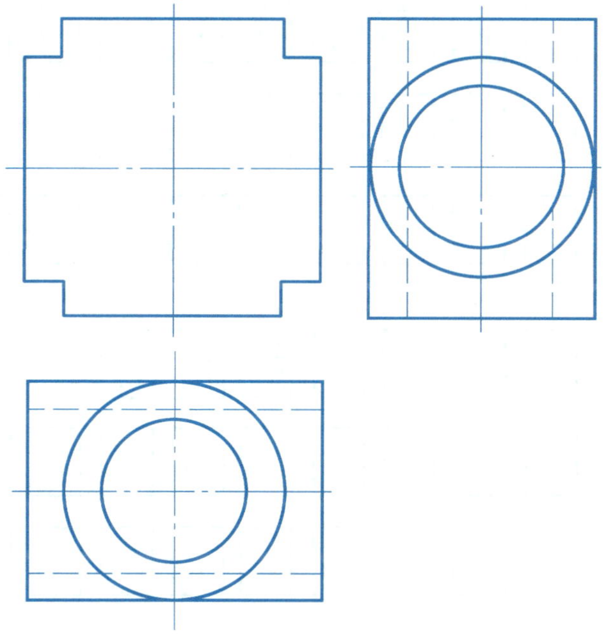

11. 在正面投影（剖视图）中，作出立体相贯线的投影。

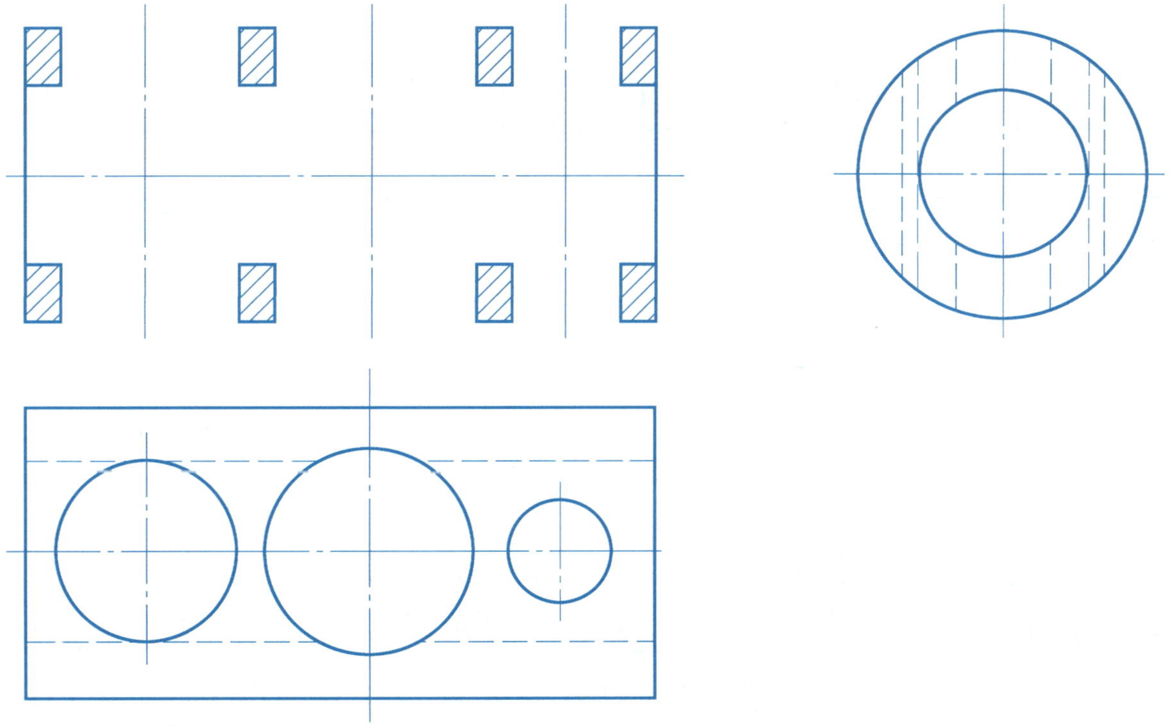

十一、字体练习（一）

班级　　　　姓名　　　　学号

一 丨 丿 ㇏ 丶 ㇂ 亅 ㇆ 乚 ㇀ 氵 亻 木 扌 一 丨 丿 ㇏ 丶 　 亅 ㇆ 乚 ㇀ 氵 亻 木 扌 一 丨 丿 ㇏ 丶

钅 火 石 车 虫 礻 讠 王 阝 刂 攵 辶 宀 广 钅 火 石 车 虫 礻 讠 王 阝 刂 攵 辶 宀 广 钅 火 石 车 虫

机 械 制 图 校 核 审 定 比 例 姓 名 材 料 机 械 制 图 校 核 审 定 比 例 姓 名 材 料 机 械 制 图 校

班 级 技 术 要 求 件 张 序 号 其 余 旋 转 班 级 技 术 要 求 件 张 序 号 其 余 旋 转 班 级 技 术 要

0 1 2 3 4 5 6 7 8 9 Φ 0 1 2 3 4 5 6 7 8 9 Φ R M 0 1 2 3 4 5 6 7 8 9 Φ 0 1 2 3 4 5 6 7 8 9 Φ R M 0 1 2 3 4 5 6 7

十一、字体练习（二）

班级　　姓名　　学号

班级技术要求件张序号其余旋转班级技术要求件张序号其余旋转班级技术要求

向铸钢螺母栓钉垫圈零部钻孔深向铸钢螺母栓钉垫圈零部钻孔深向铸钢螺母栓

1 2 3 4 5 6 7 8 9 Φ 0 1 2 3 4 5 6 7 8 9 Φ R M 1 2 3 4 5 6 7 8 9 Φ 0 1 2 3 4 5 6 7 8 9 Φ R M 1 2 3 4 5 6 7 8 9 Φ

a b c d e f g h i j k l m n o p q r s t u v w x y z a b c d e f g h i j k l m n o p q r s t u v w x y z a b c d e f g h i j k l m n o p q

A B C D E F G H I J K L M N O P Q R S T U V W X Y Z A B C D E F G H I J K L M N O P Q R S T U V W X Y Z

十二、制图的基本知识（一）

班级　　　　姓名　　　　学号

1. 参照给定图线在指定位置补画图线。

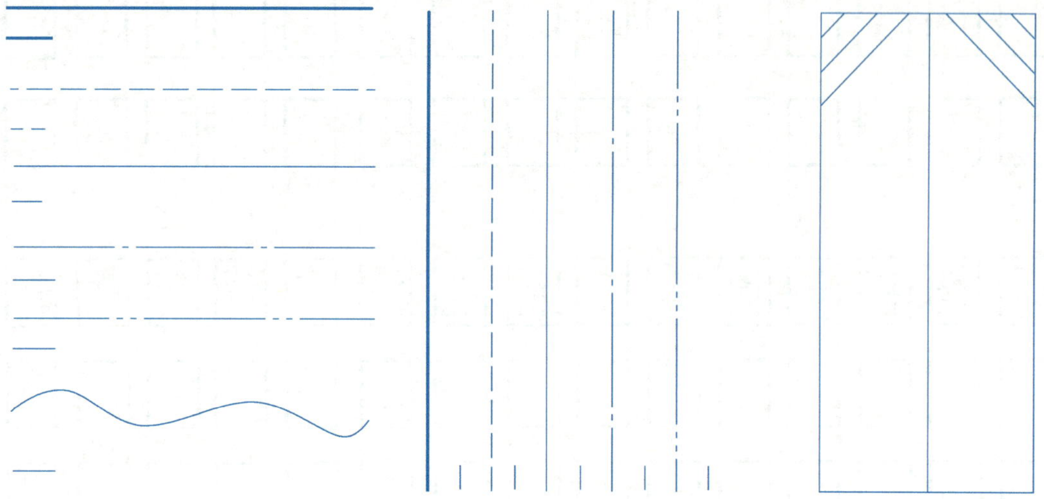

2. 在右侧照抄下面的图形。

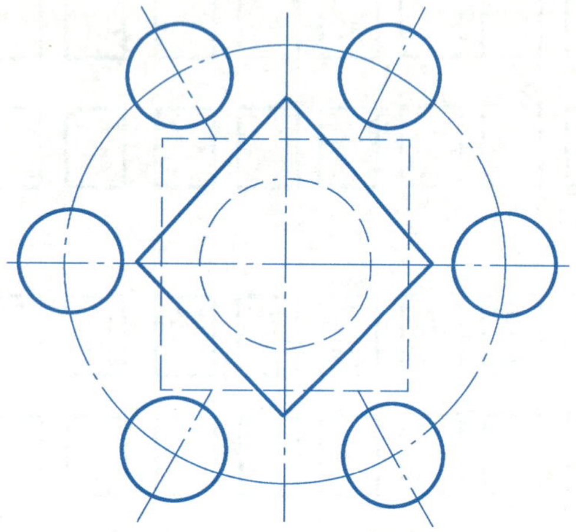

3. 指出尺寸注法的错误，并按正确的注法将尺寸标注在右边的图形上。

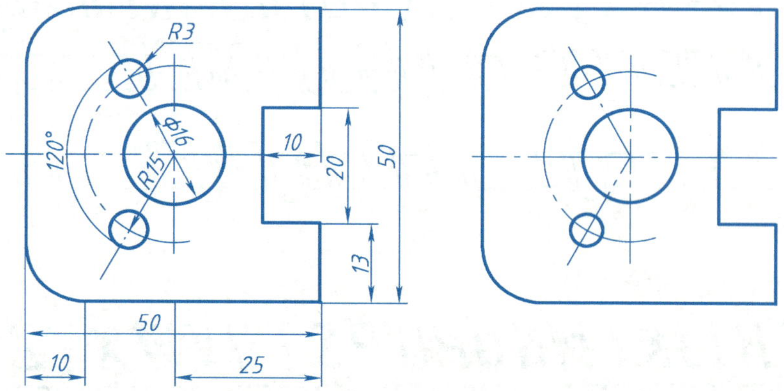

4. 参照所示图形，用 1∶5 的比例画出图形，并标注尺寸。

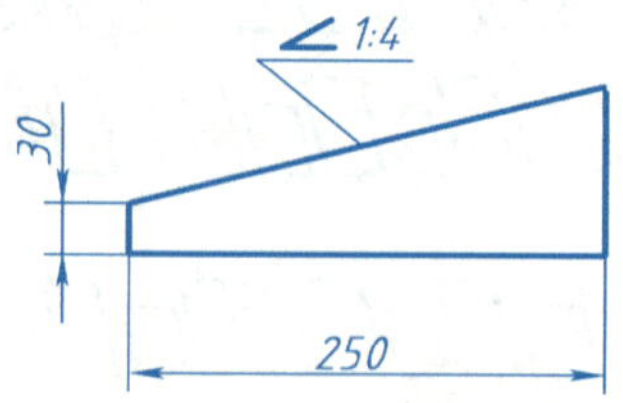

5. 参照所示图形，用 1∶1 的比例画出图形，并标注尺寸。

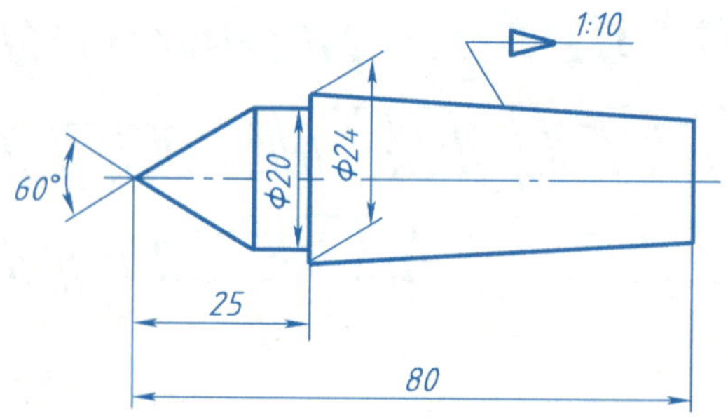

6. 已知椭圆长、短轴分别为 70mm、45mm，用同心圆法画椭圆。

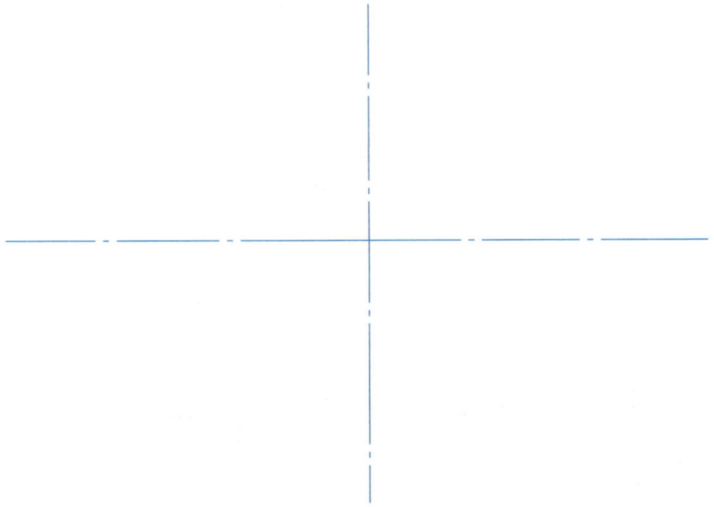

7. 已知椭圆长、短轴分别为 70mm、45mm，用四心圆法画椭圆。

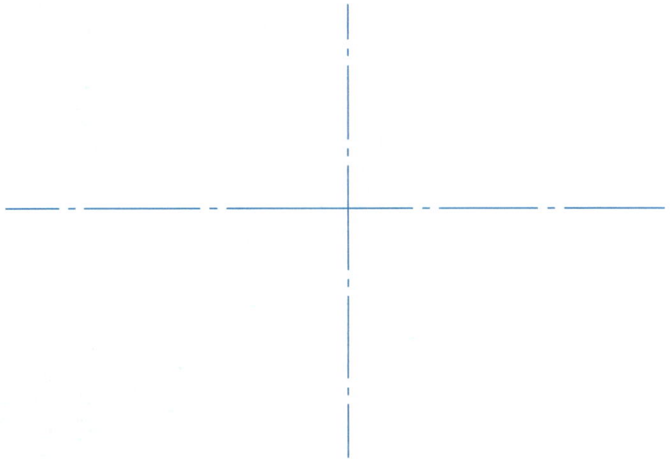

8. 按小图所给尺寸，在大图上作图，并注全尺寸。

（1）

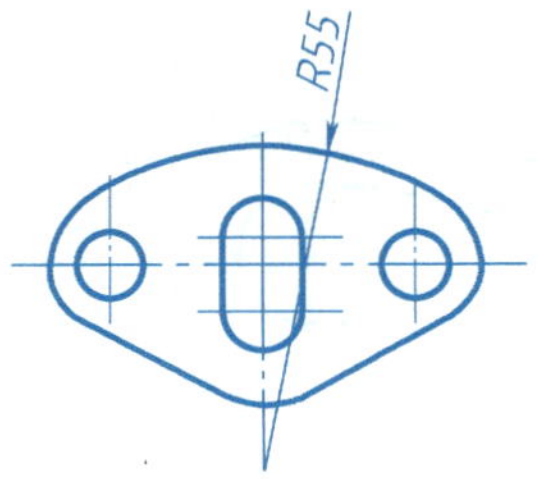

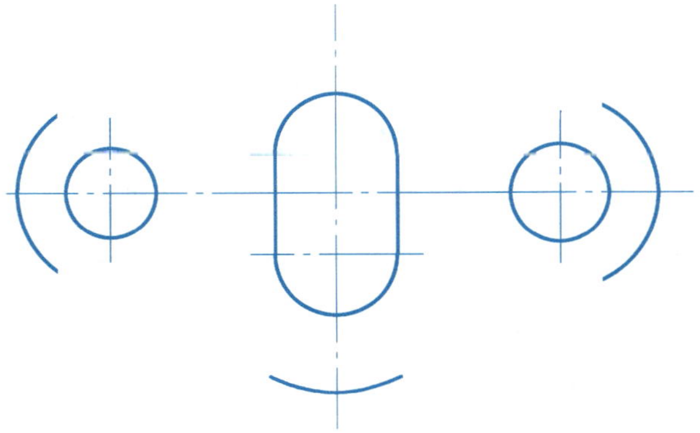

（2）

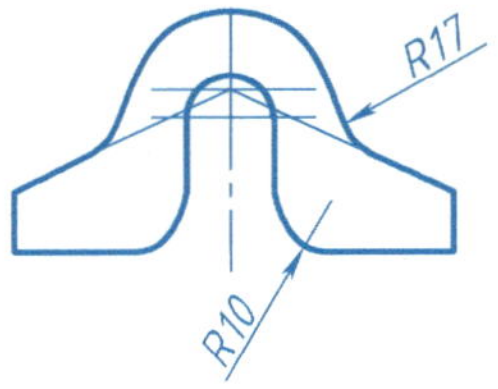

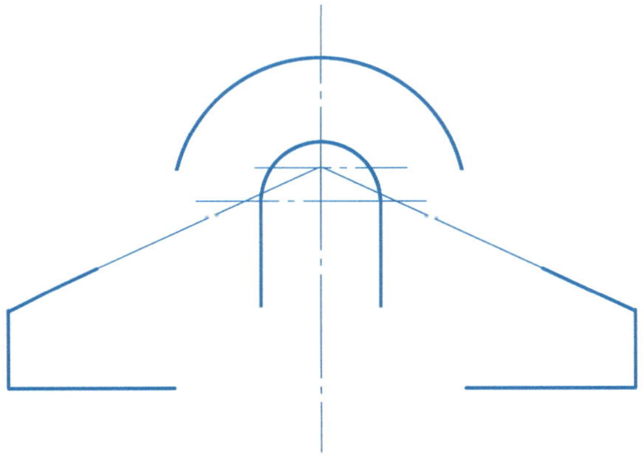

9. 在平面图形上用 1∶1 的比例量后标注尺寸（取整数）。

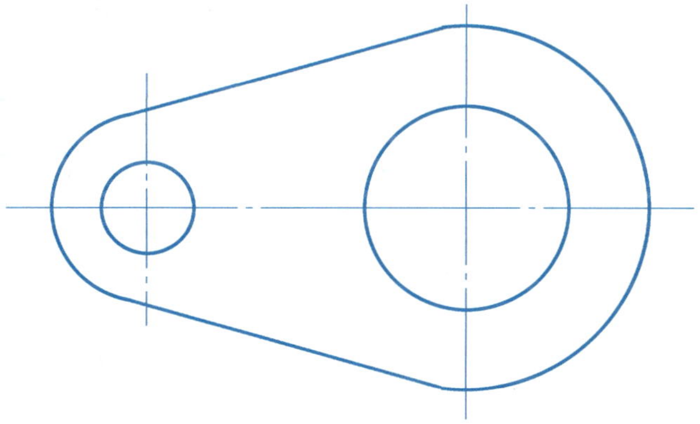

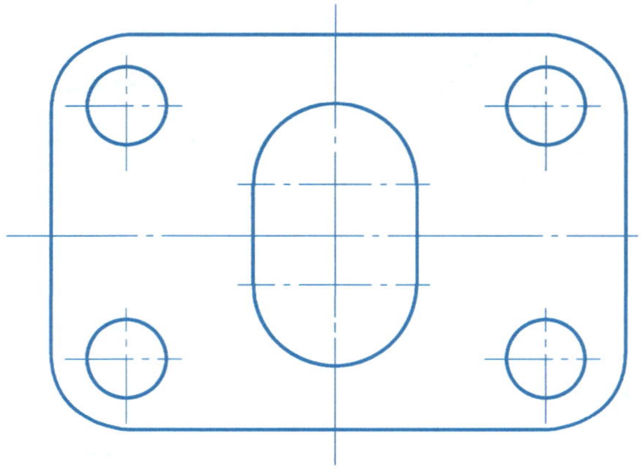

线型

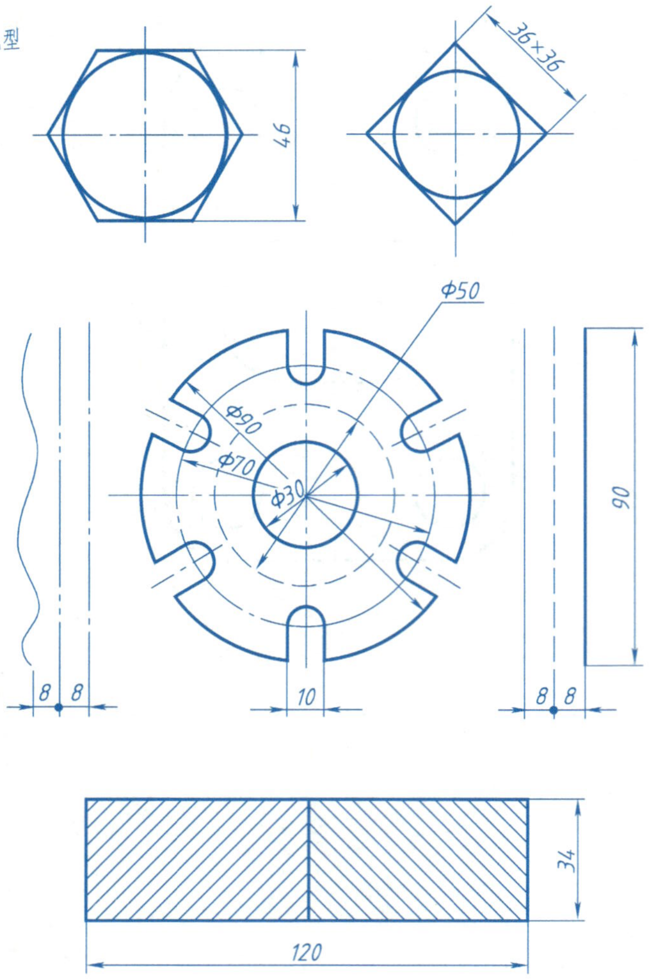

起重钩

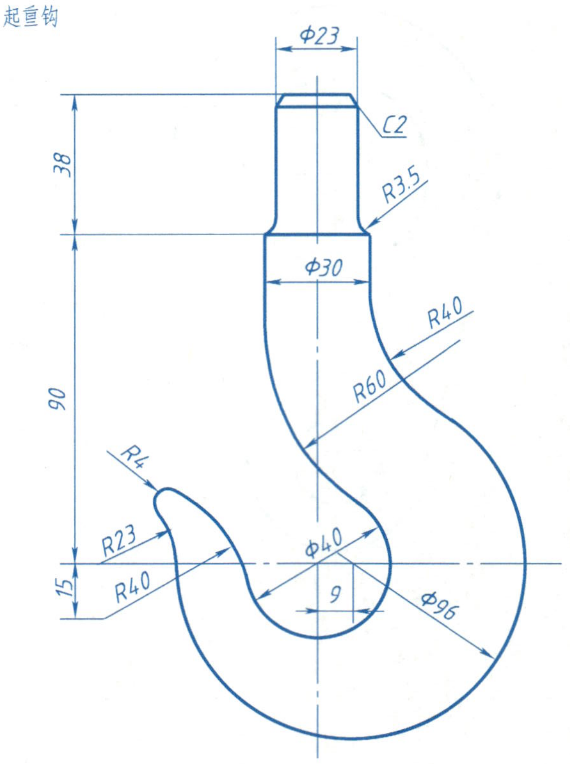

基本练习			比例	1:1	YT-01
			材料		
制图	（姓名）	（日期）	（校名、班级）		
审核					

交换齿轮架

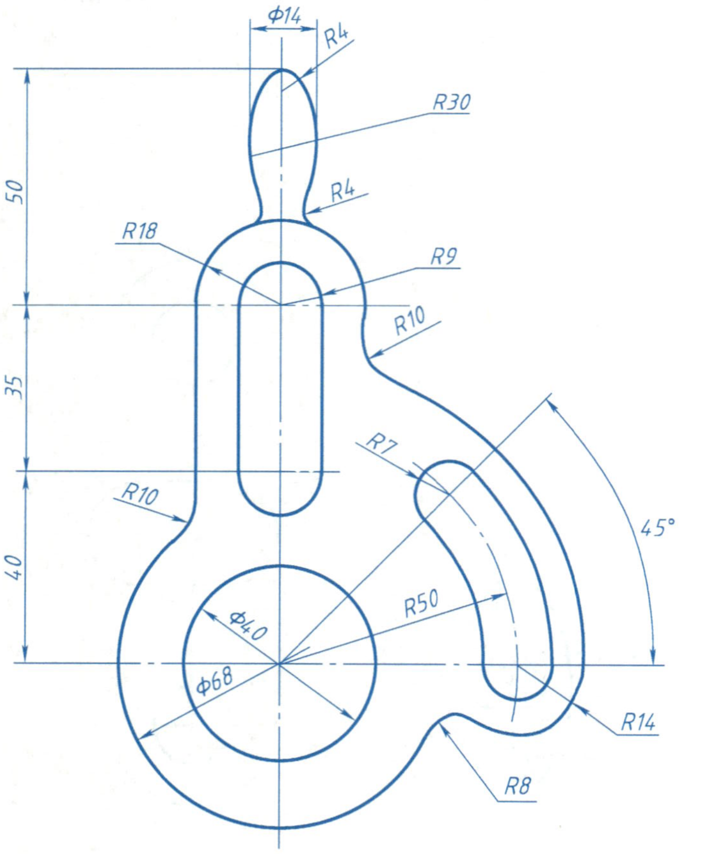

作业方法指示

一、目的、内容和要求

1. 目的、内容

初步掌握国家标准《机械制图》的有关内容，掌握绘图仪器和工具的使用方法，抄画线型（不注尺寸）、起重钩（或交换齿轮架）图形并标注尺寸。

2. 要求

图形正确，布置适当，线型合格，字体工整，符合国标，连接光滑，图面整洁。

二、图名、图幅、比例

1. 图名　基本练习

2. 图幅　A3

3. 比例　1:1

三、注意事项

1. 参照上图布置图形，先画出各图形的对称线、中心线等。

2. 线型、箭头均按教材中的要求画出。

3. 标题栏中汉字打格书写。图名、图号用 10 号字，校名用 7 号字，班级用 5 号字写在校名后面，姓名用 5 号字写在制图栏内。图中尺寸数字用 3.5 号字。

4. 完成底稿后，经仔细校核后方可加深。用铅笔加深时，圆规的铅芯应比画直线的铅芯软一号。

十三、画组合体视图（一）

班级　　　　姓名　　　　学号

1. 选择与三视图对应的立体图，并将其编号填在三视图旁。

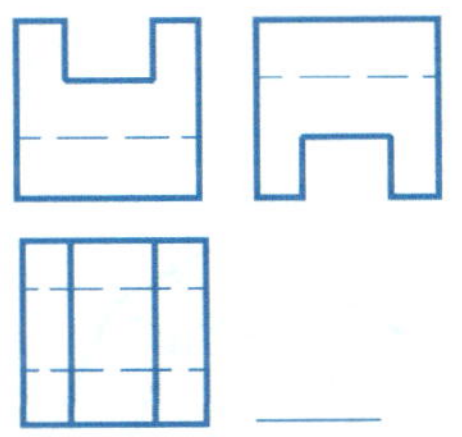

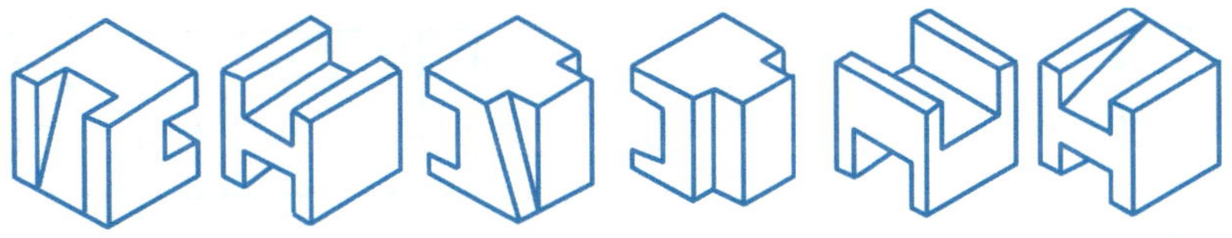

(1)　(2)　(3)　(4)　(5)　(6)

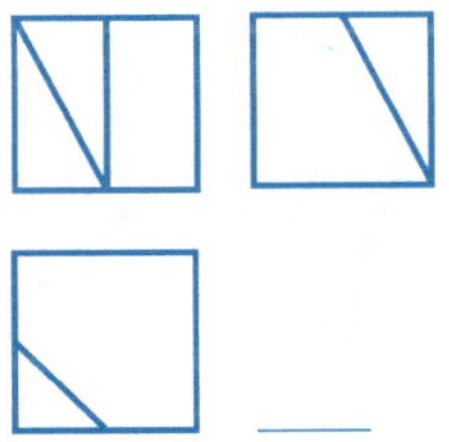

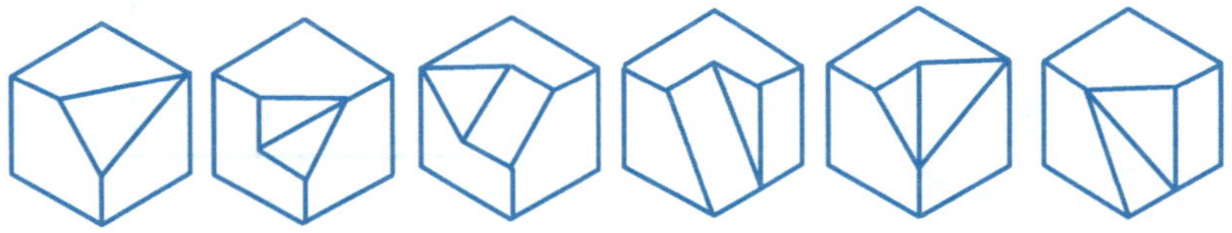

(1)　(2)　(3)　(4)　(5)　(6)

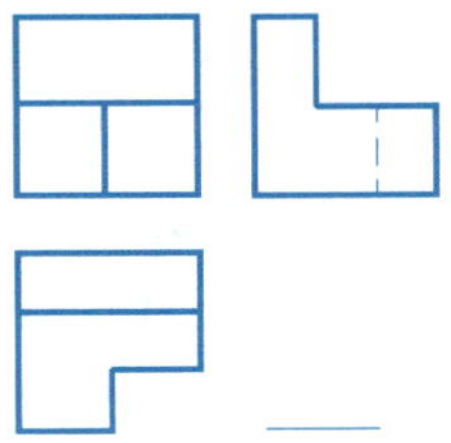

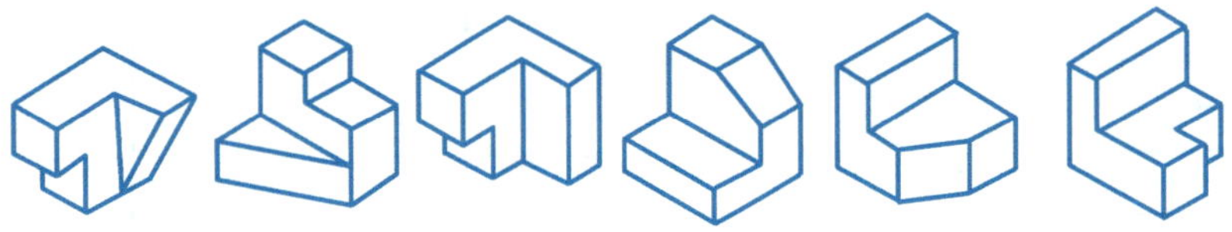

(1)　(2)　(3)　(4)　(5)　(6)

2. 选择与两视图对应的立体图，并将其字母填在视图下方。

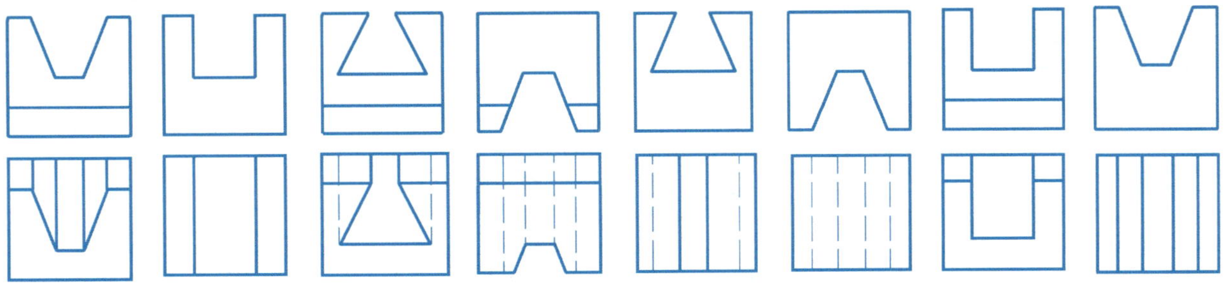

(　)　(　)　(　)　(　)　(　)　(　)　(　)　(　)

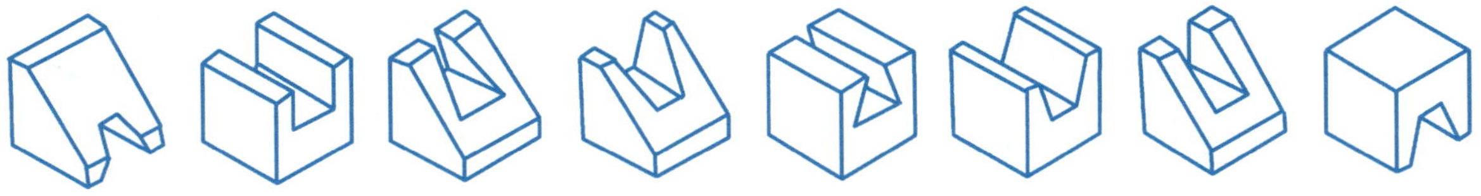

A　B　C　D　E　F　G　H

3. 已知主、俯两视图，找出正确的左视图（在正确的左视图编号上打√）。

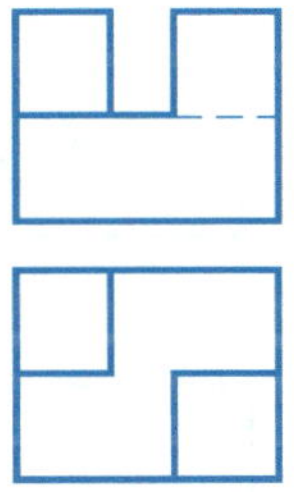

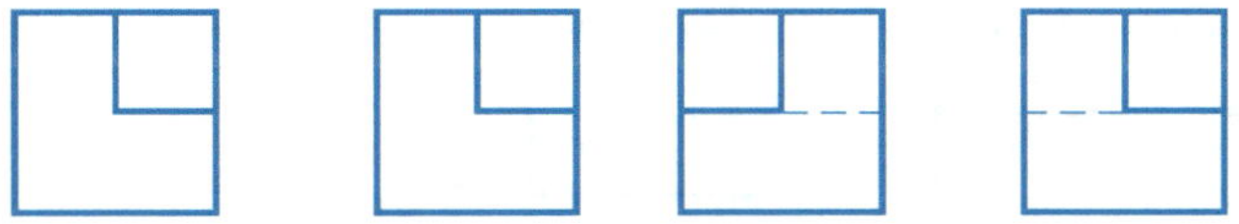

(1)　(2)　(3)　(4)

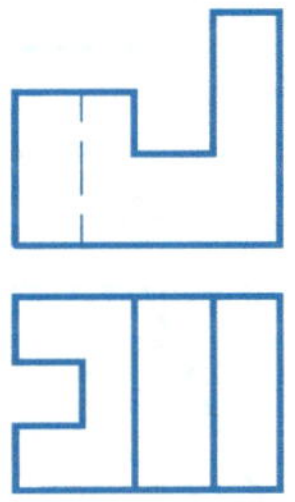

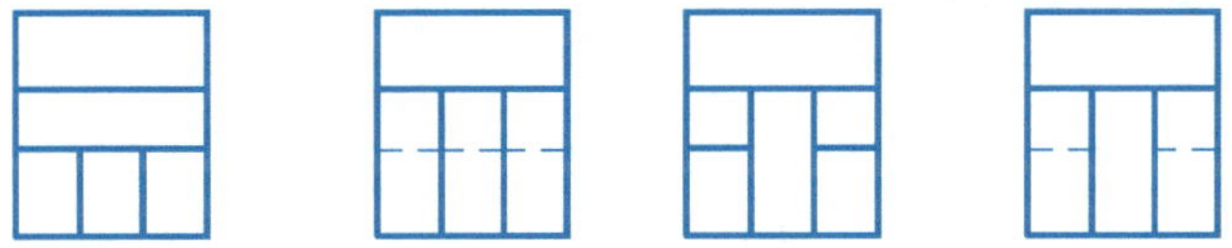

(1)　(2)　(3)　(4)

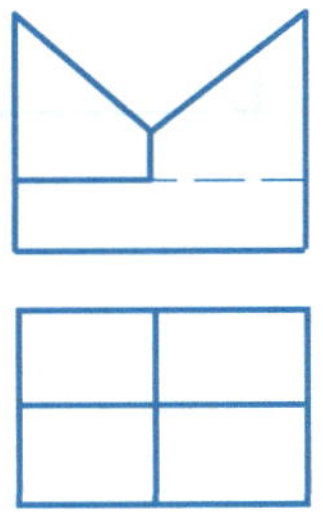

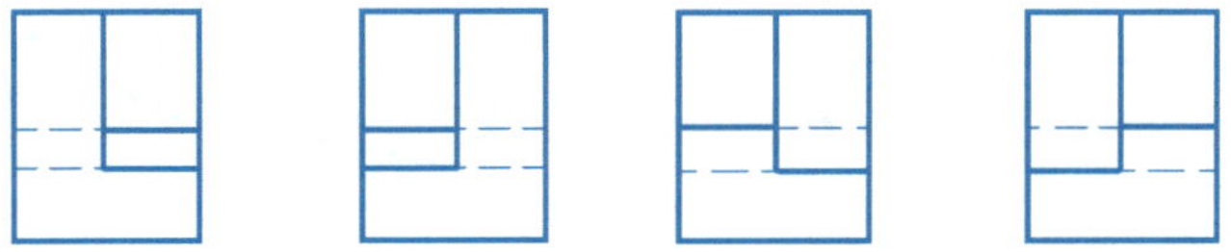

(1)　(2)　(3)　(4)

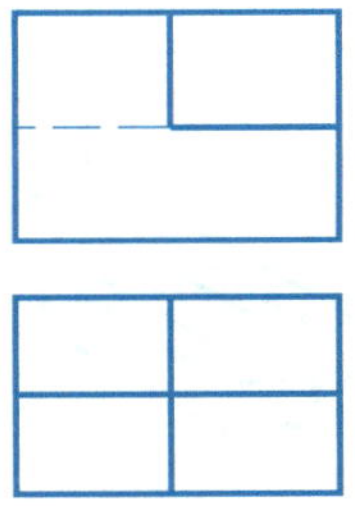

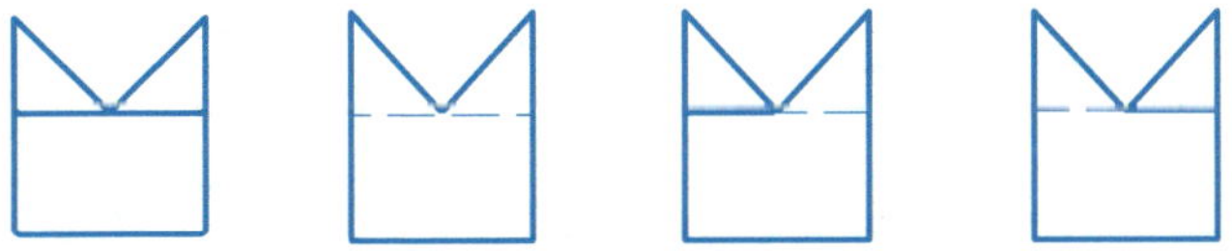

(1)　(2)　(3)　(4)

4. 根据立体图补画三视图中所缺图线。

(1)

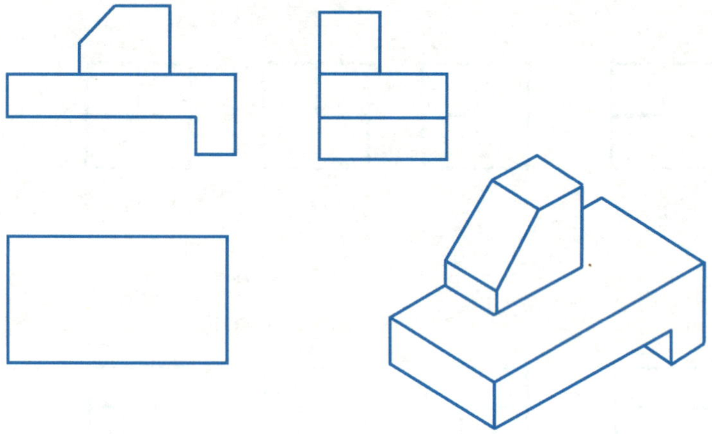

(2)

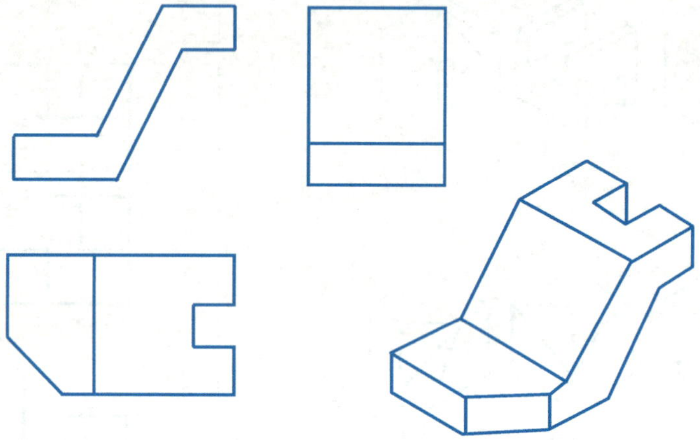

(3)

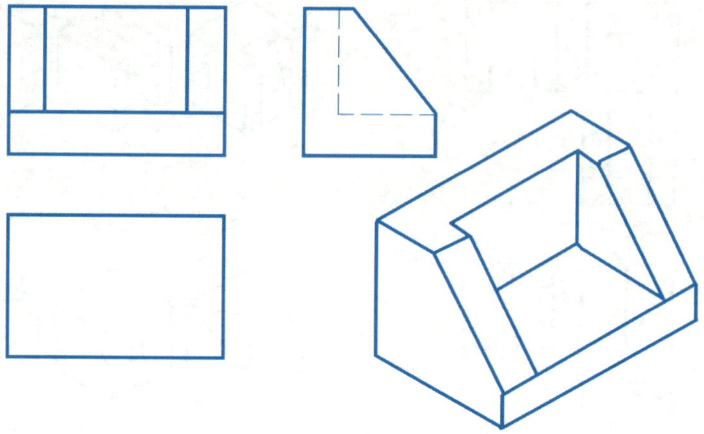

(4)

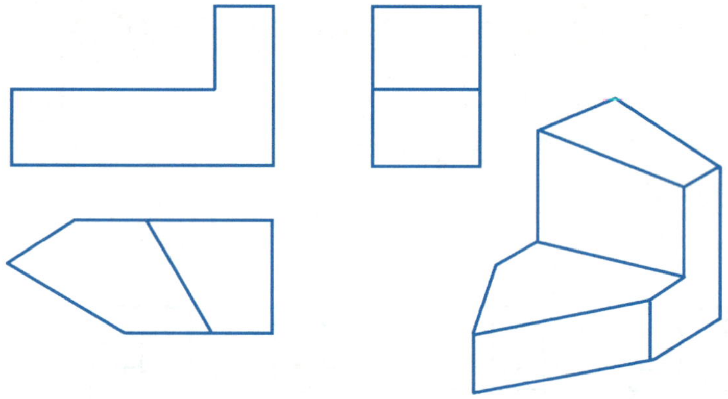

(5)

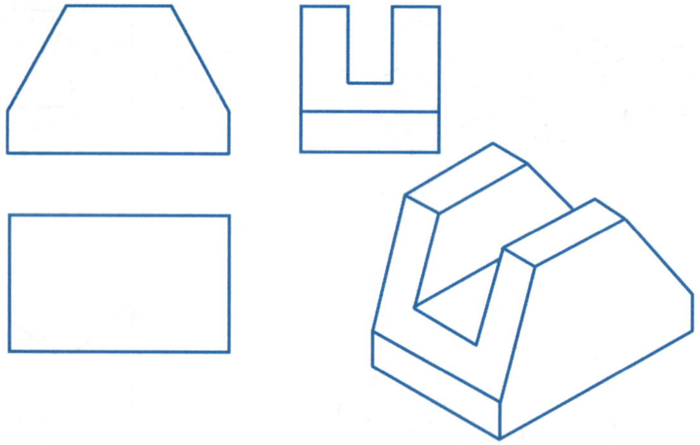

(6)

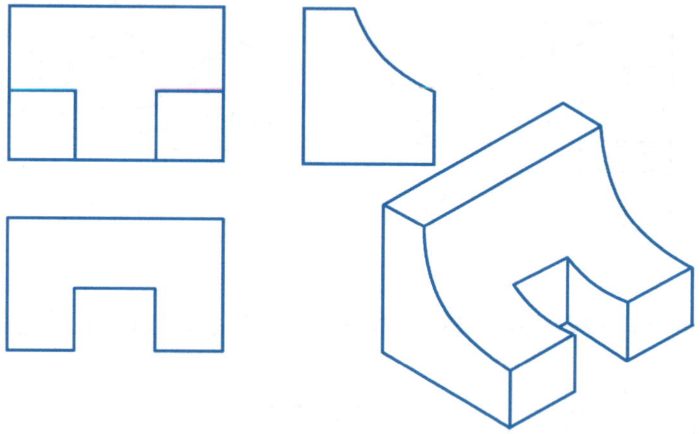

(7)

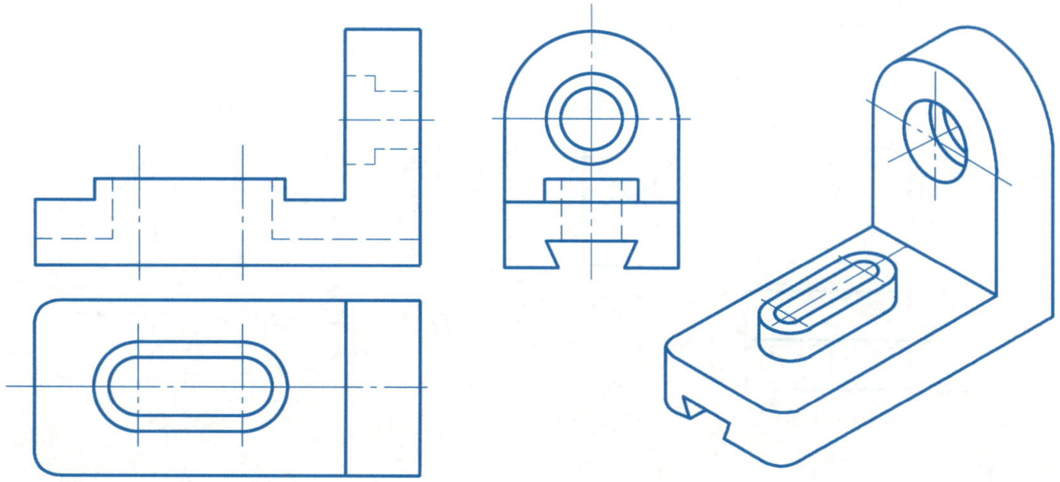

(8)

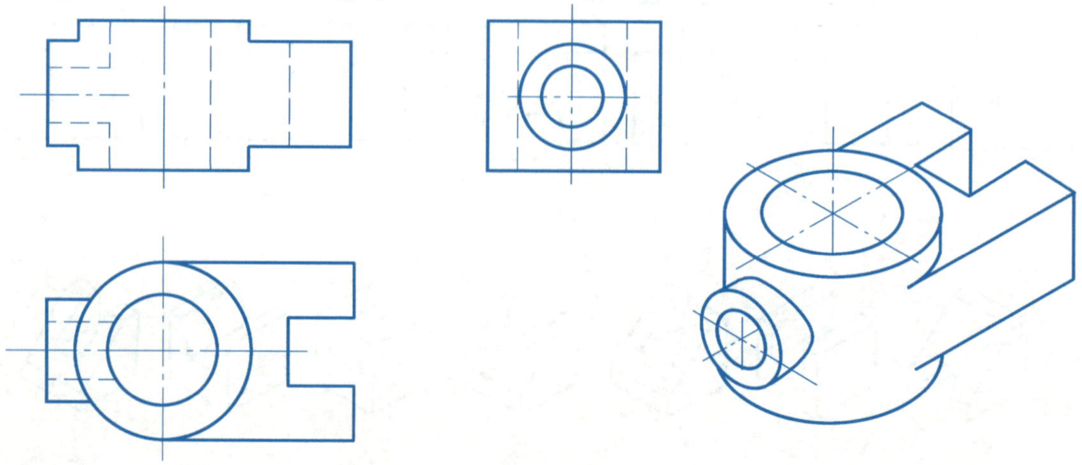

十三、画组合体视图（三）

班级　　姓名　　学号

5. 根据立体图，利用方格徒手画出组合体的三视图（凡是图中未表明深度的孔均为通孔，槽为通槽）。

（1）

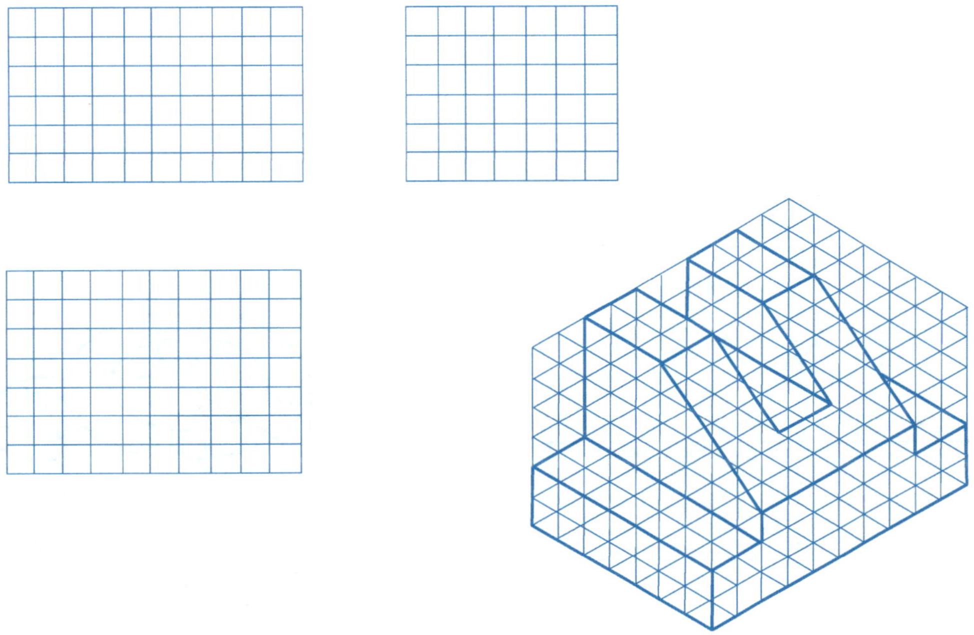

（2）

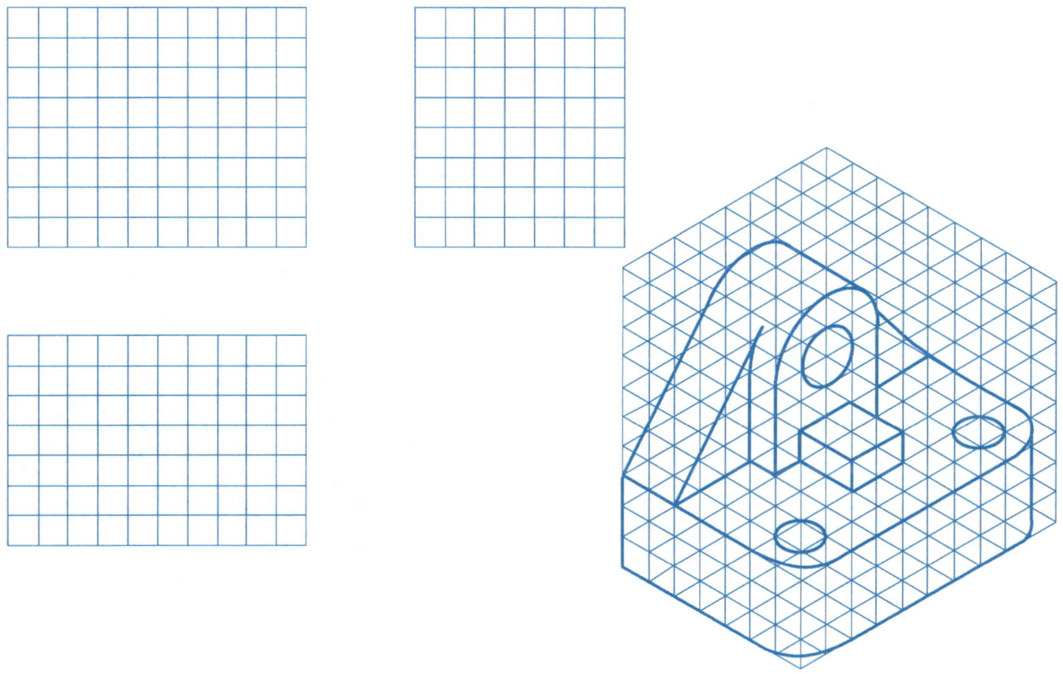

（3）

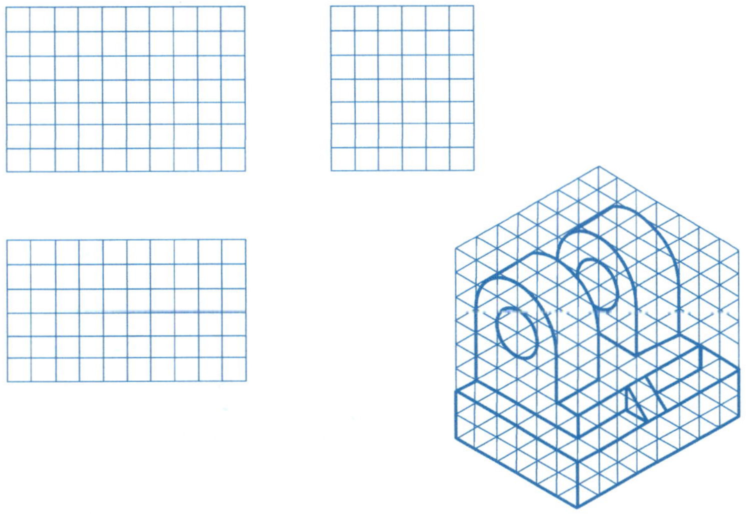

（4）

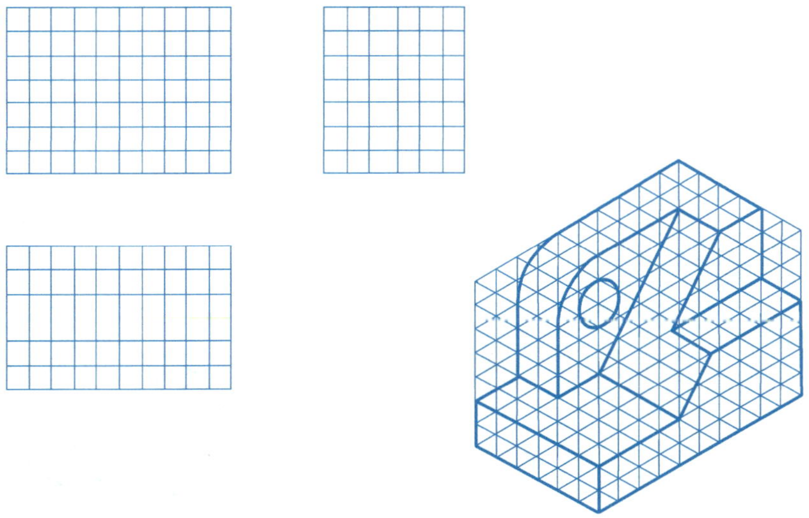

6. 根据立体图上所注尺寸，用1:1的比例画出组合体的三视图（凡是图中未注明深度的孔均为通孔，槽为通槽）。

（1）

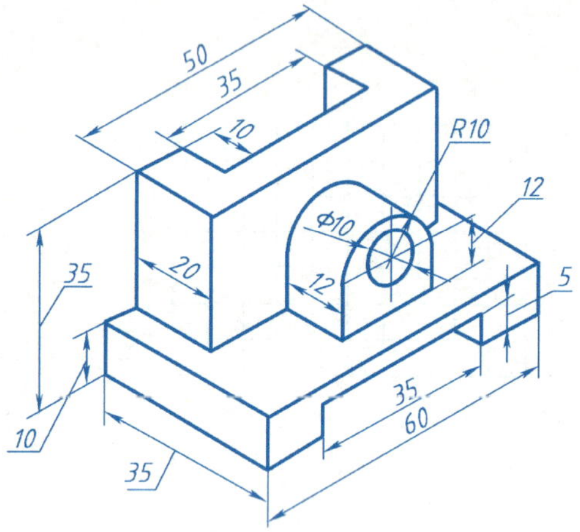

（2）

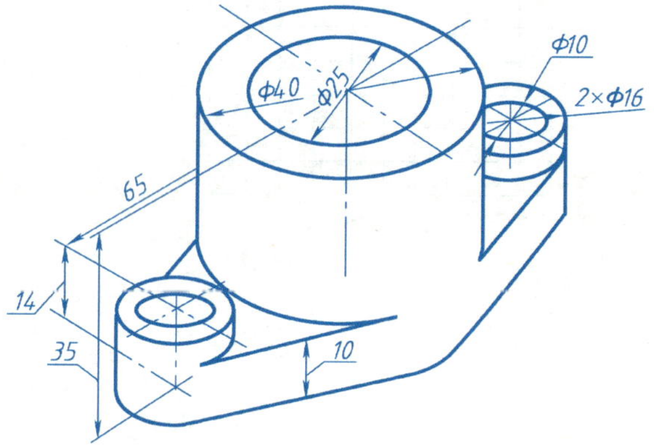

（3）

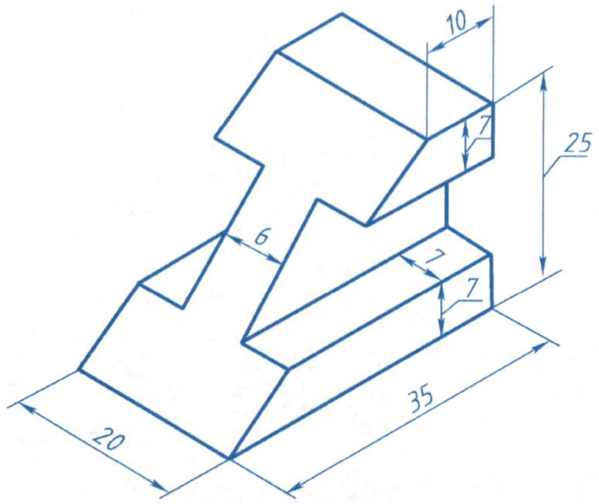

（4）

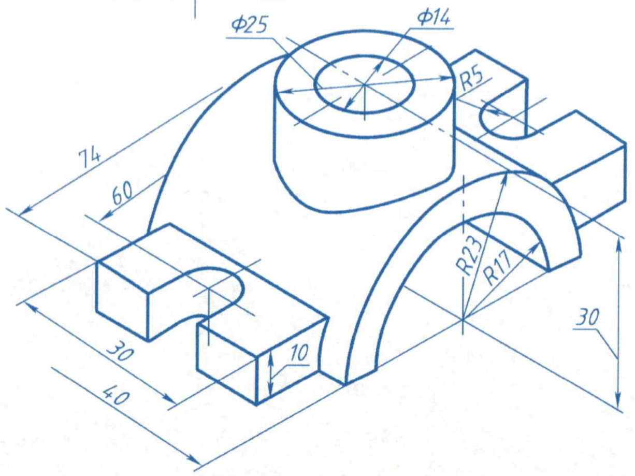

1. 补画主视图中所缺的图线。

（1）

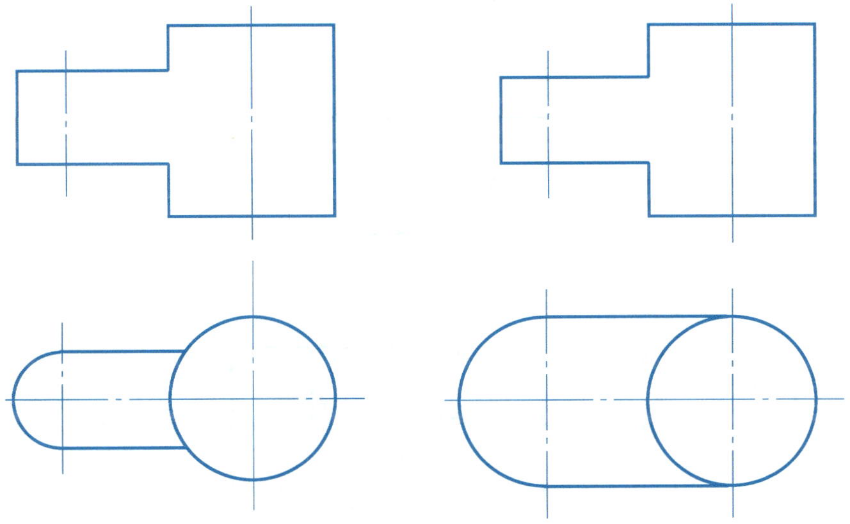

（2）

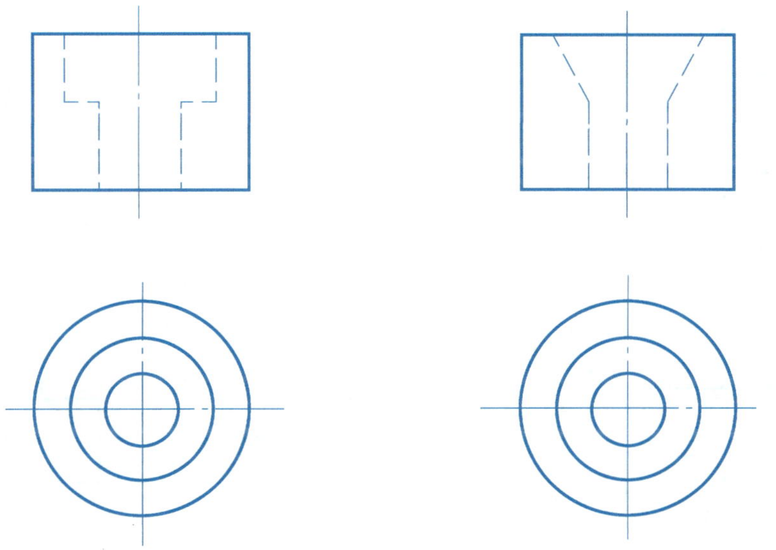

（3）

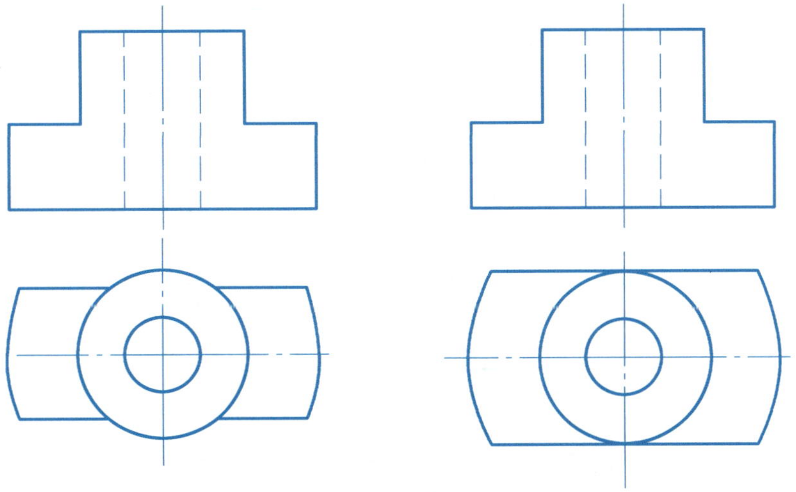

（4）

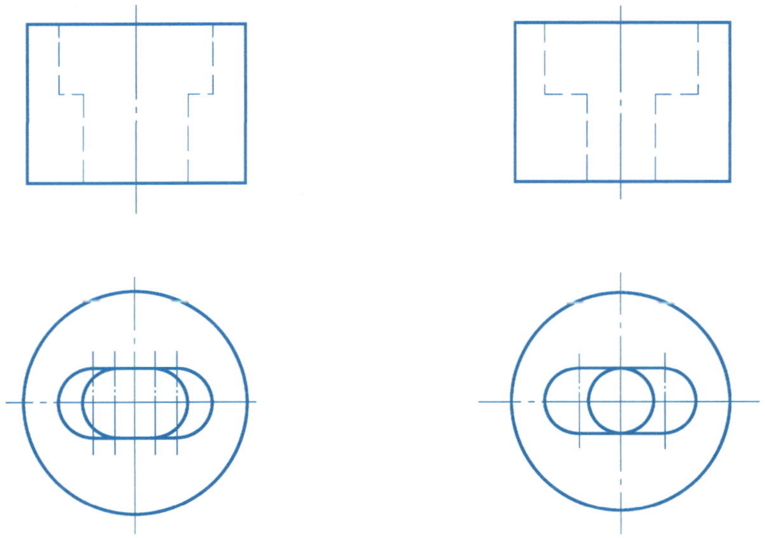

十四、读组合体视图（二）

班级　　　　姓名　　　　学号

2. 读懂二视图后，补画第三视图。

（1）

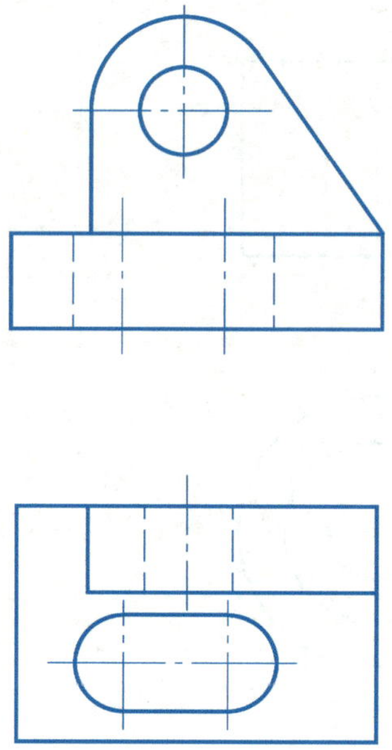

（2）

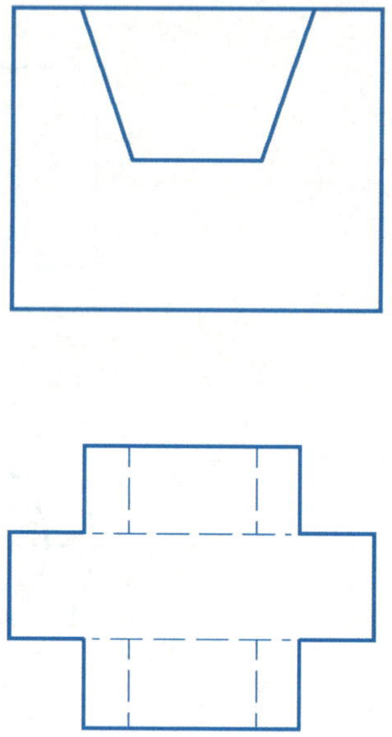

（3）

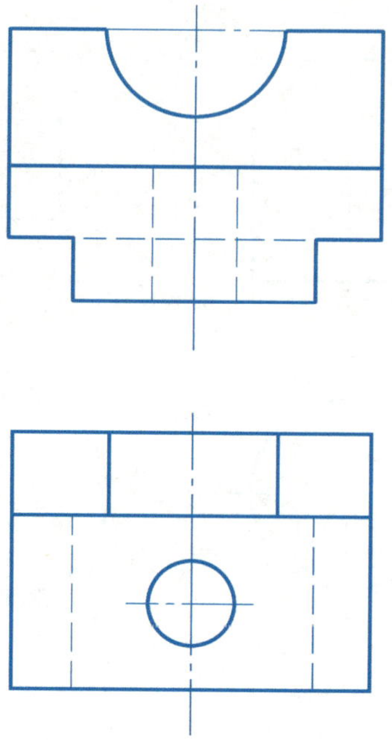

（4）

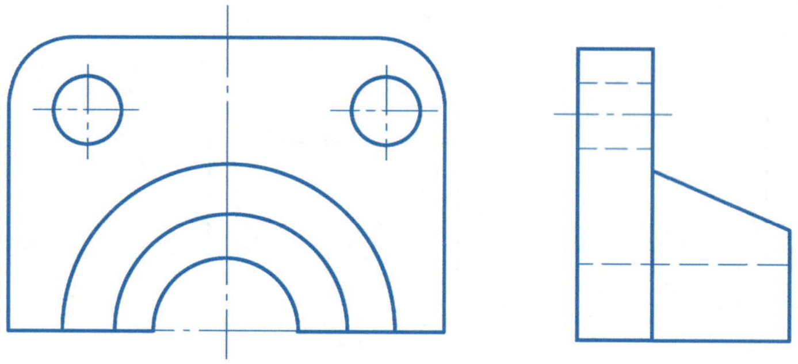

（5）

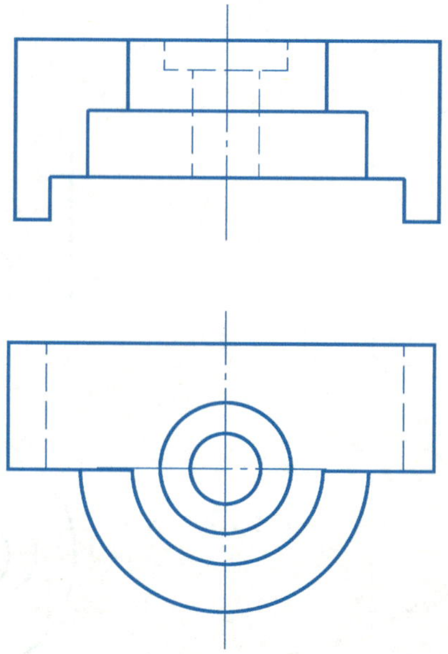

（6）

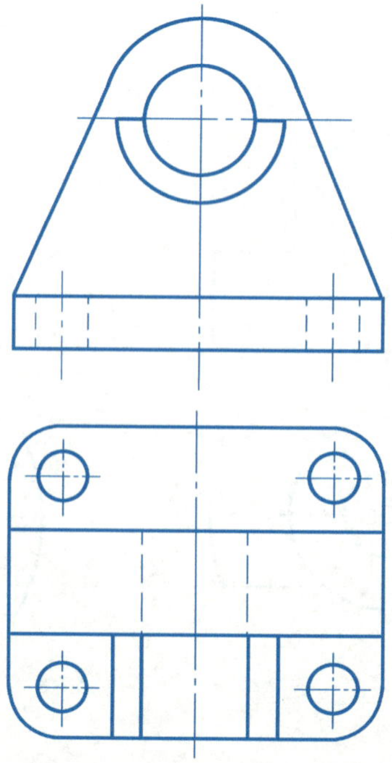

十四、读组合体视图（三）

班级　　　　姓名　　　　学号

（7）

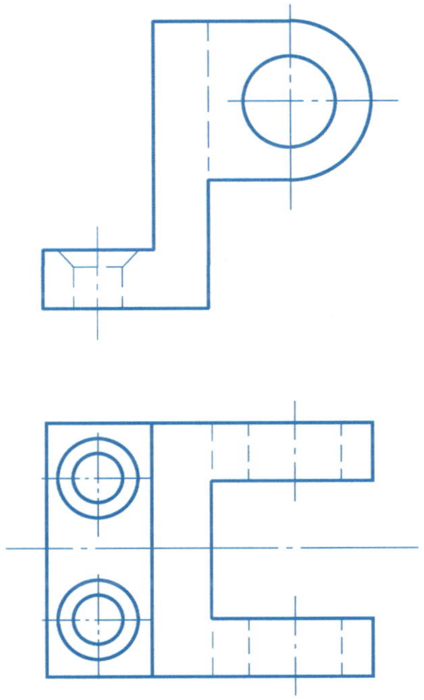

（8）

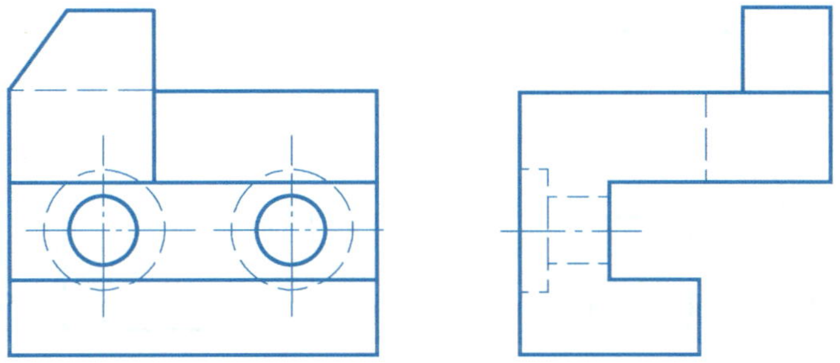

（9）

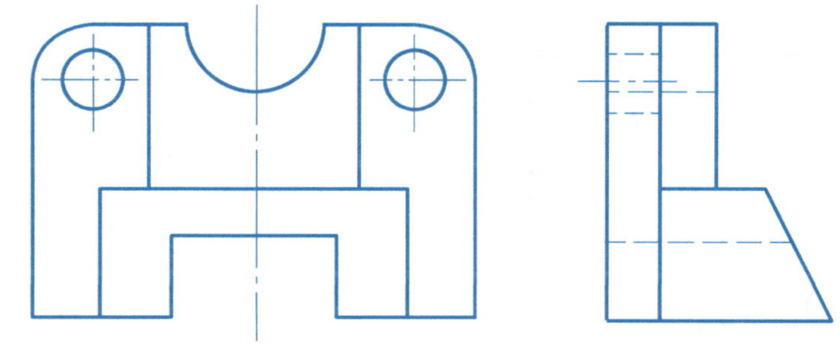

（10）

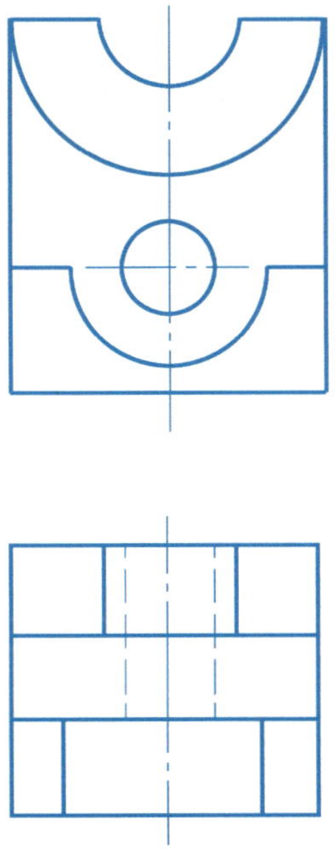

（11）

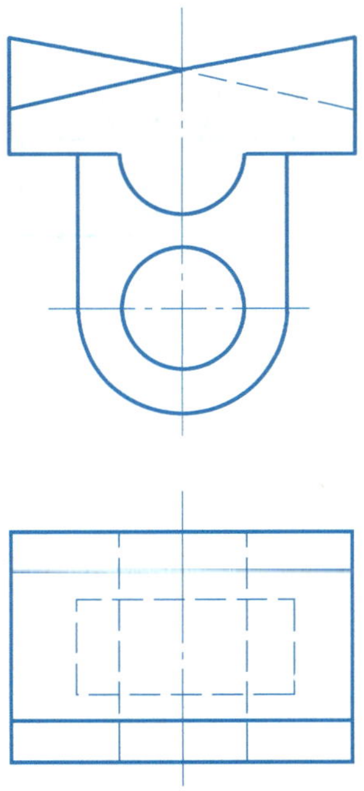

（12）

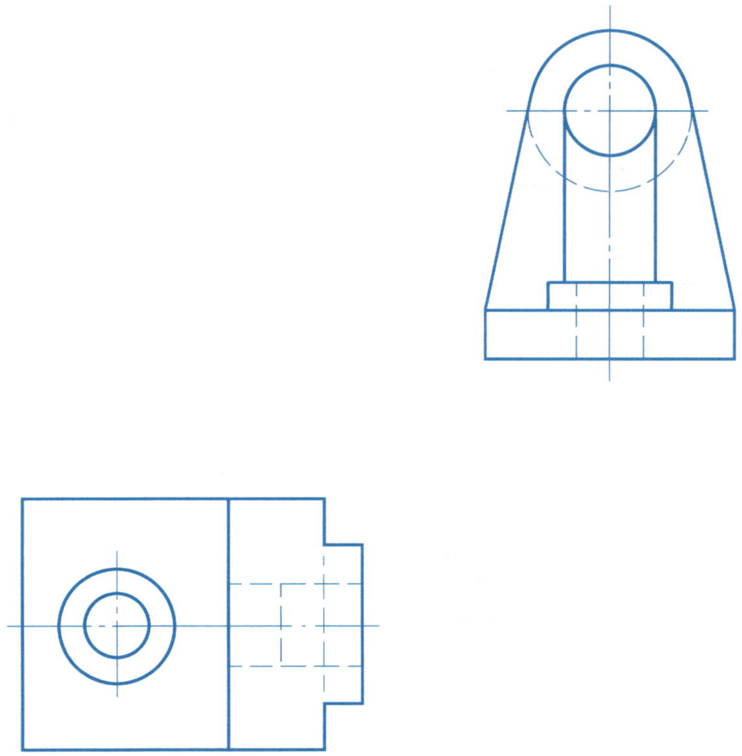

十四、读组合体视图（四）

班级　　姓名　　学号

（13）

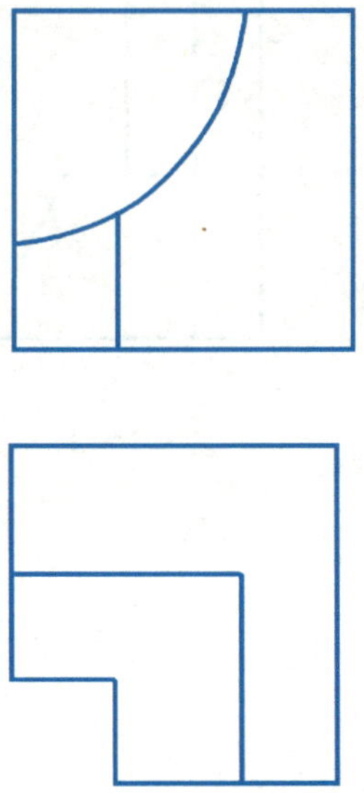

（14）

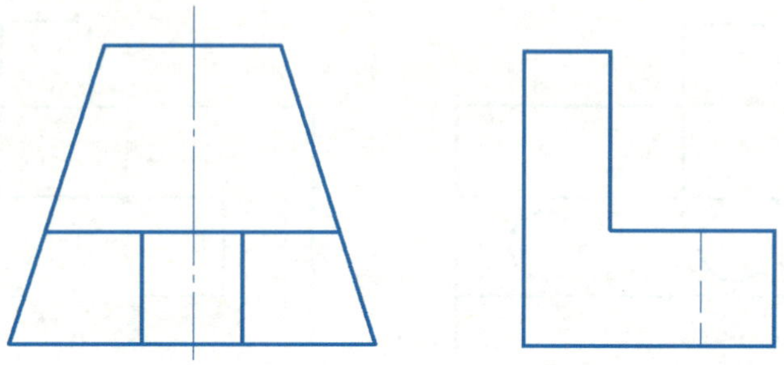

（15）

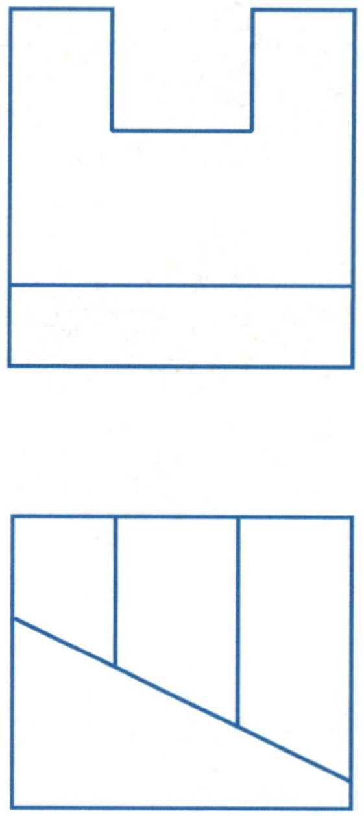

（16）

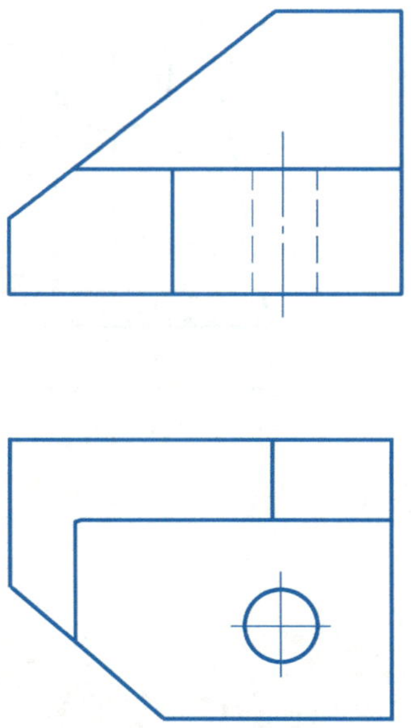

（17）

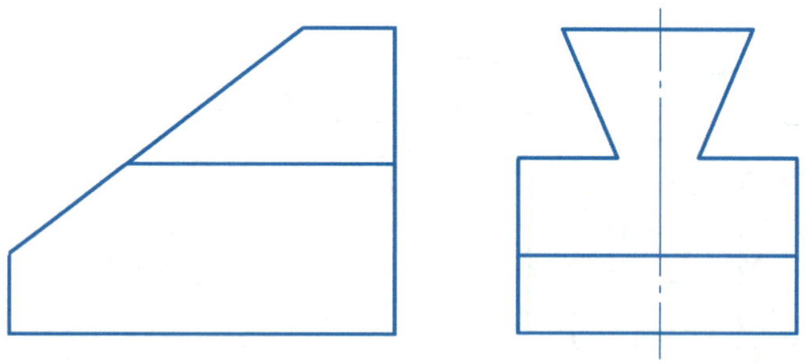

（18）

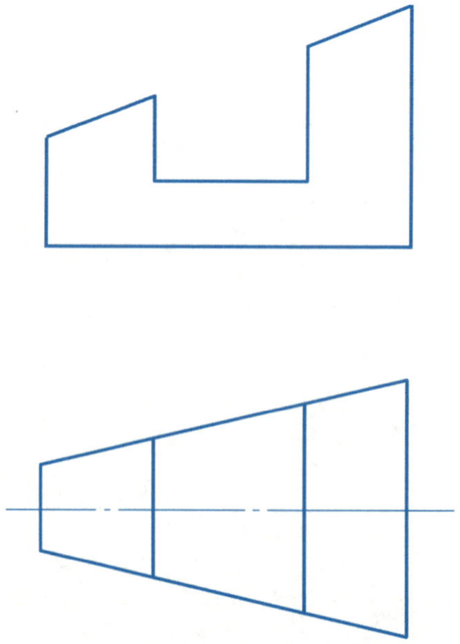

十四、读组合体视图（五）

班级　　　　姓名　　　　学号

（19）

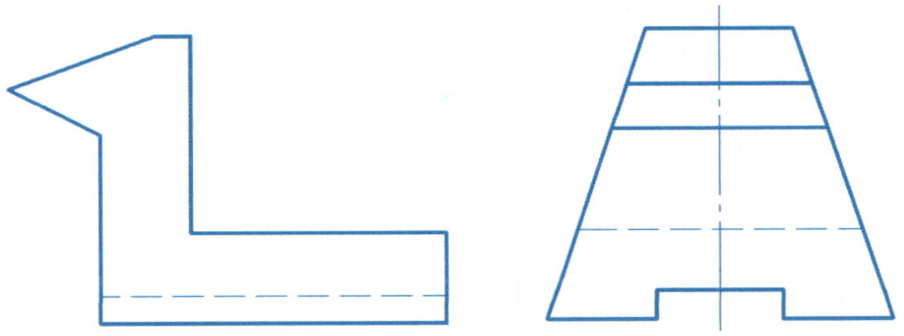

（20）

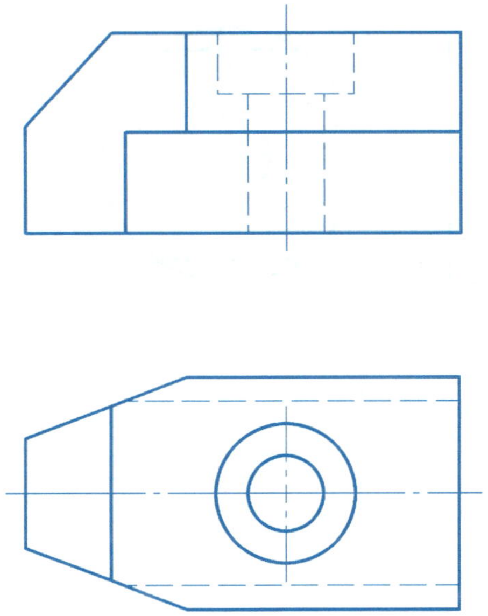

（21）

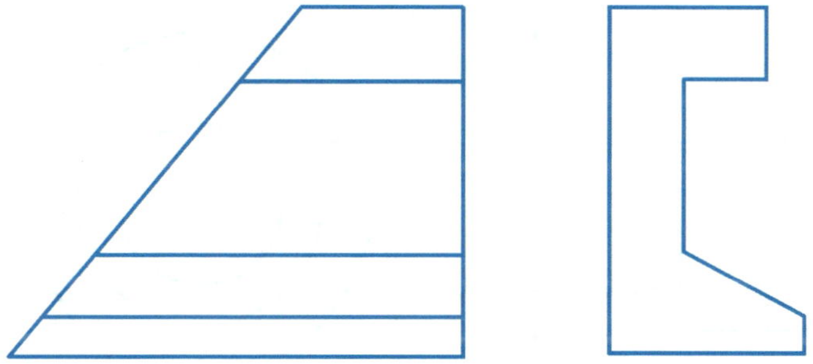

（22）

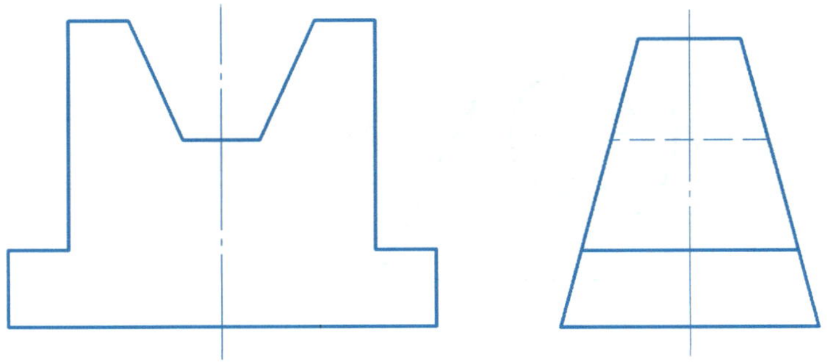

（23）

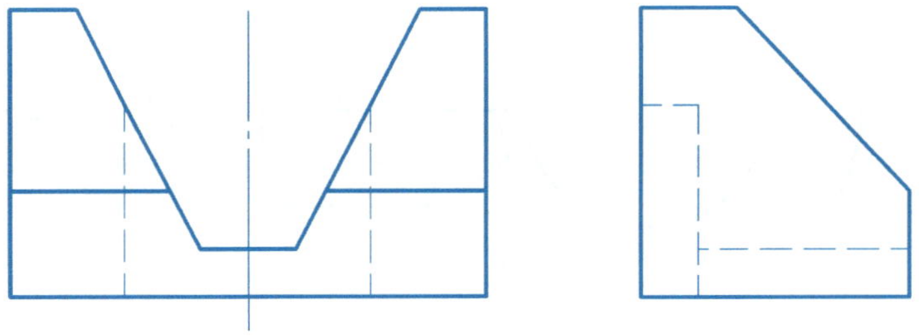

（24）

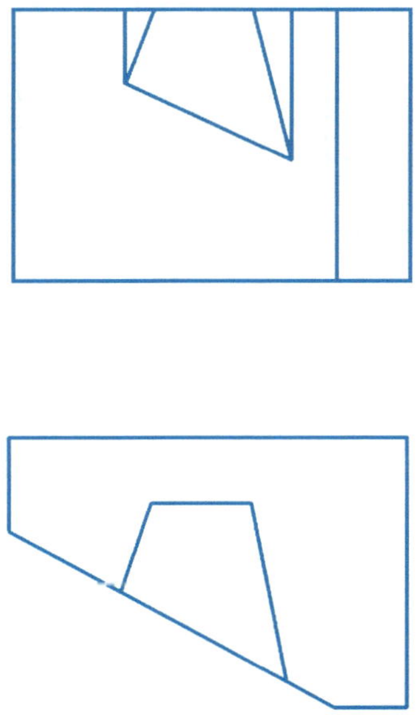

班级　　　　姓名　　　　学号

(25)

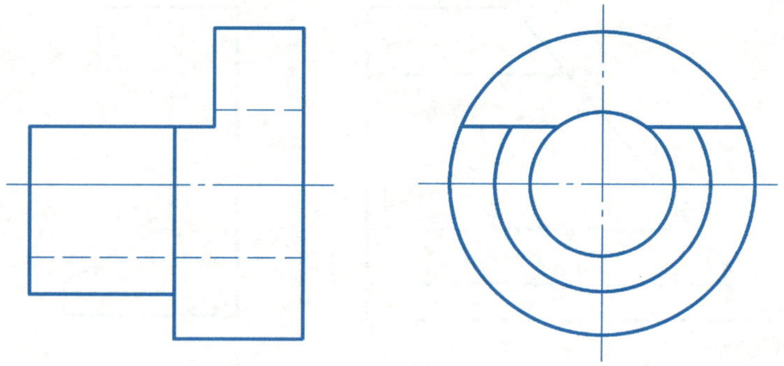

(26)

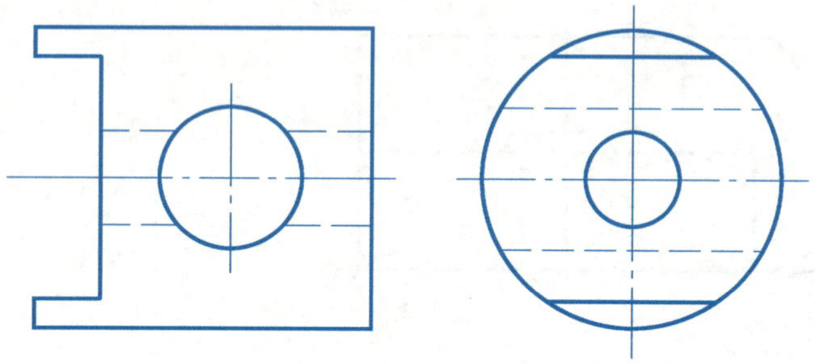

(27)

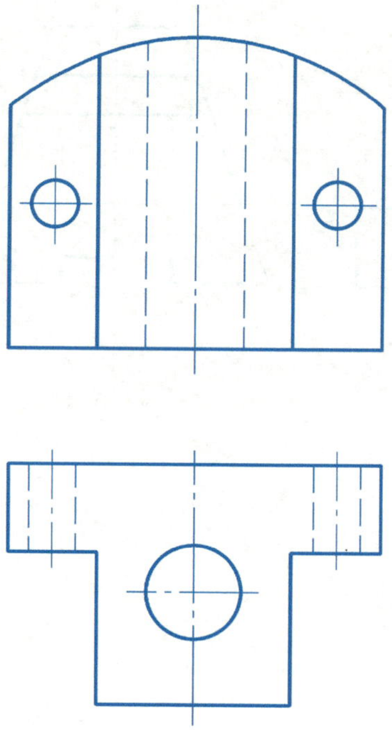

(28)

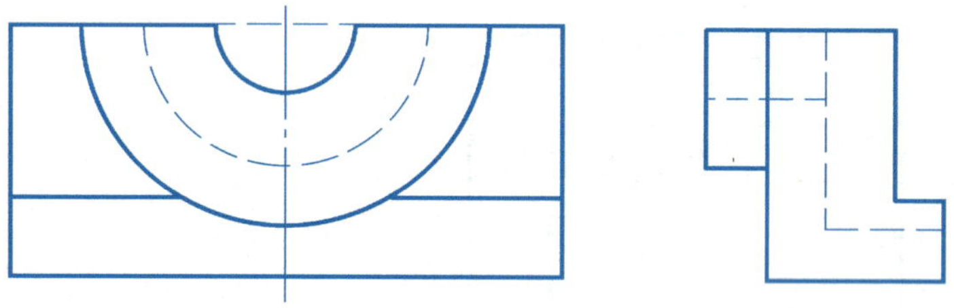

(29)

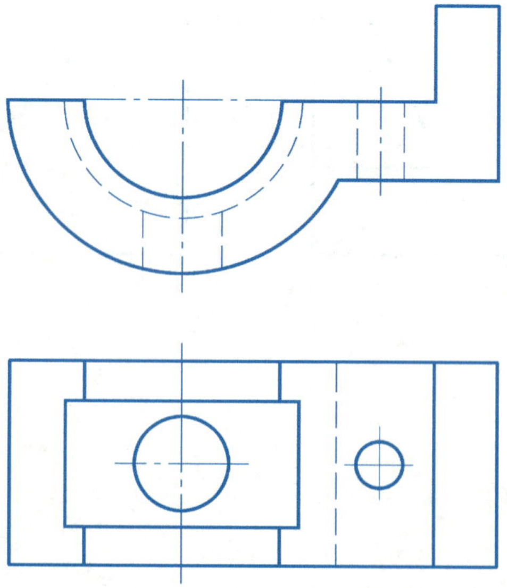

(30)

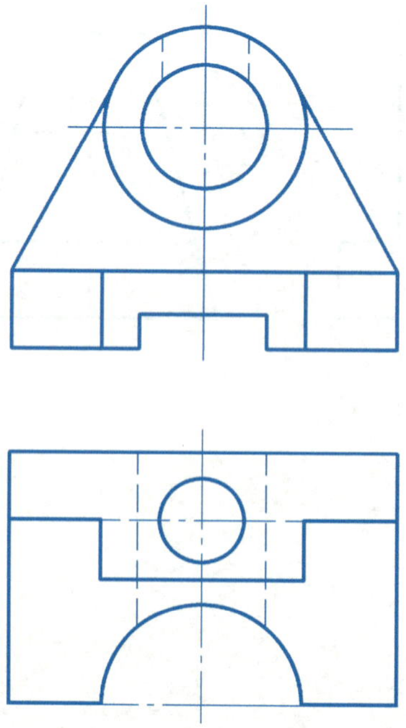

十五、组合体尺寸标注（一）

班级　　姓名　　学号

标注下列各组合体的尺寸。尺寸数值按 1:1 的比例直接在图中量取，取整数。

（1）

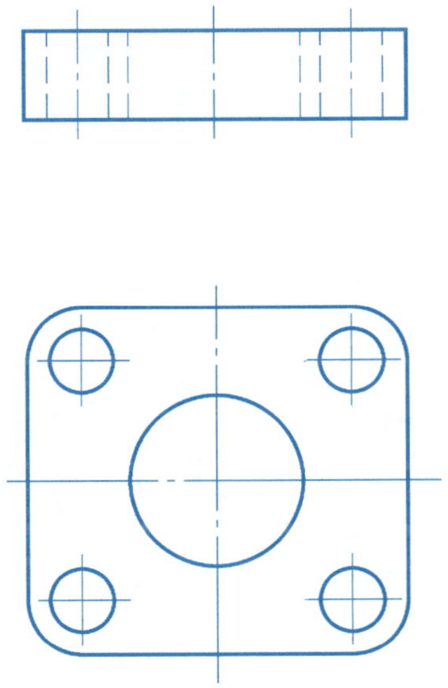

（2）

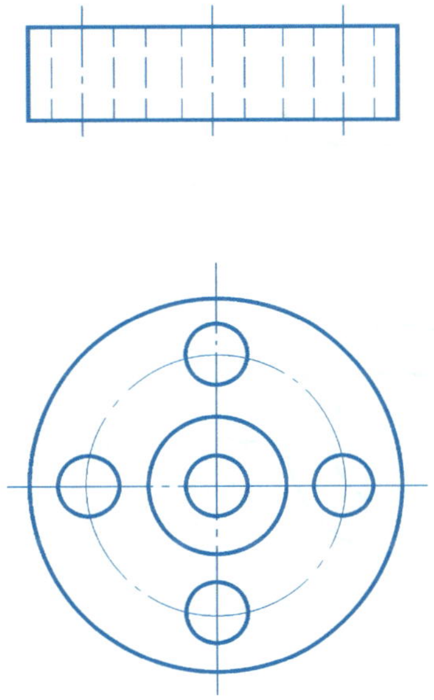

（3）

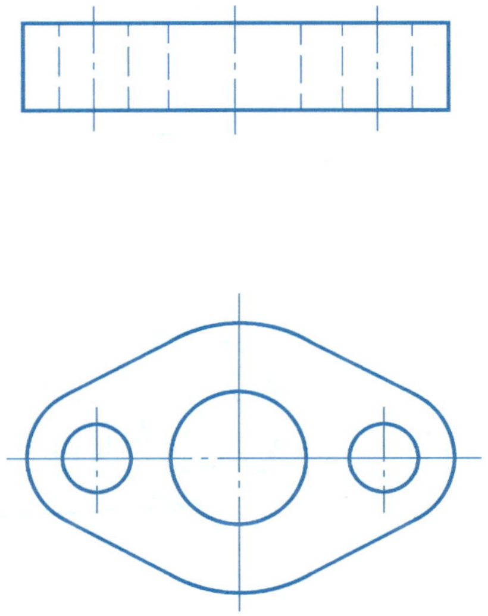

（4）

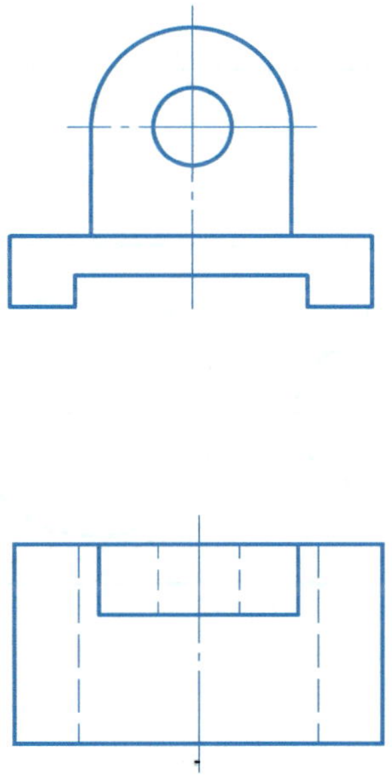

（5）

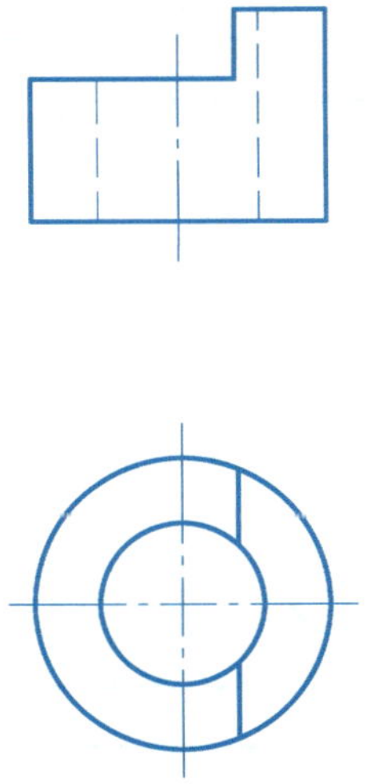

（6）

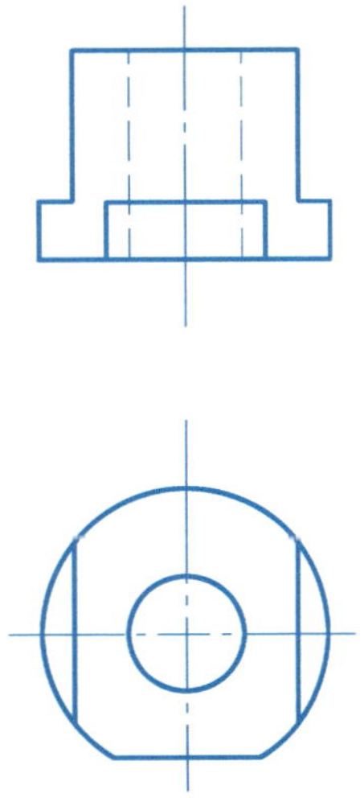

（7）

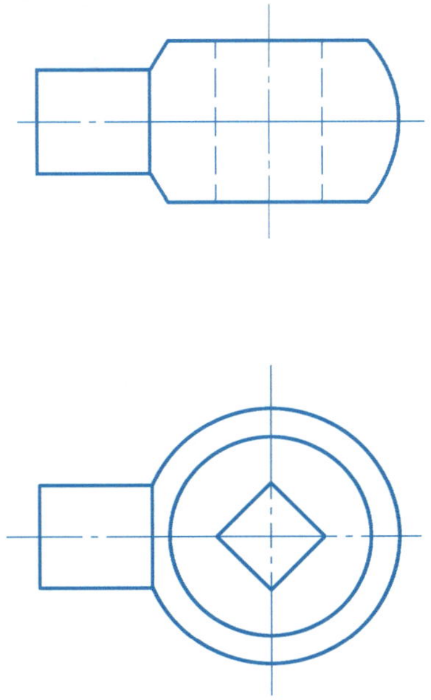

（8）

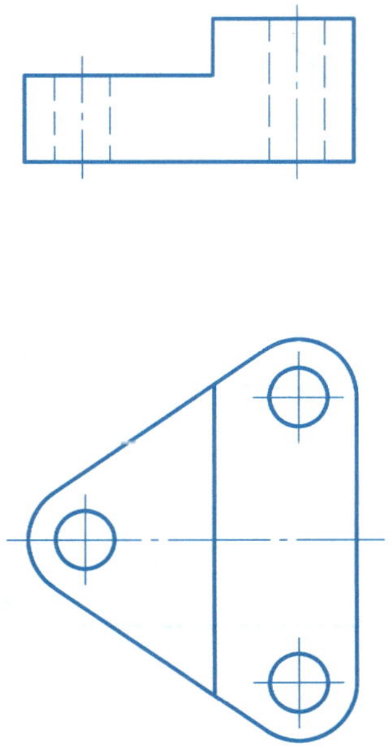

(9)

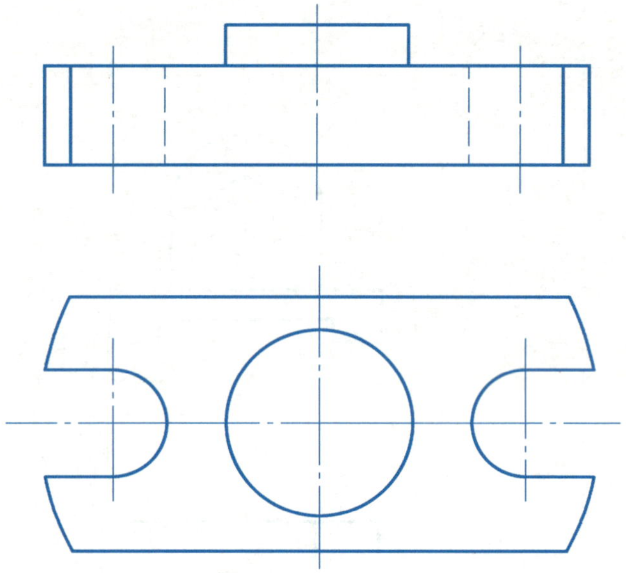

(10)

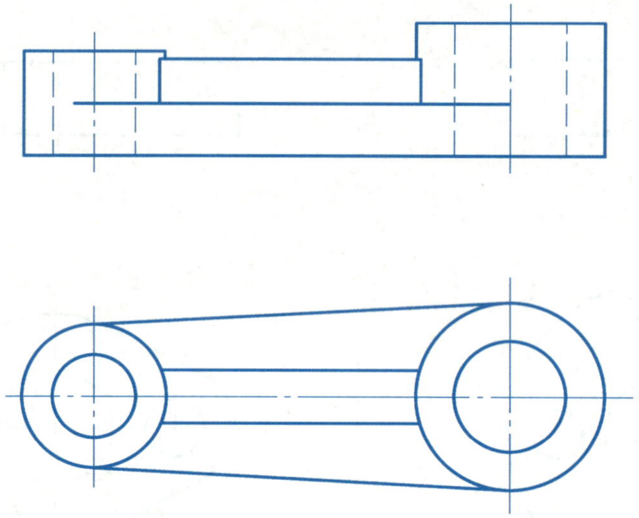

(11)

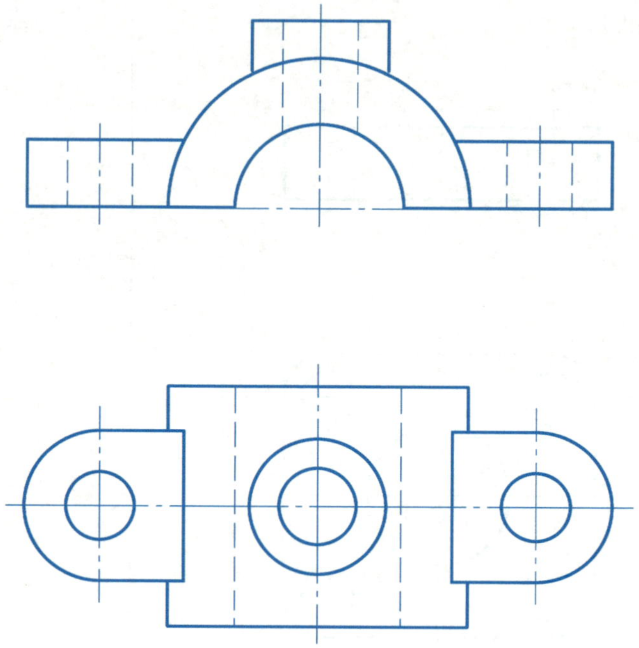

(12)

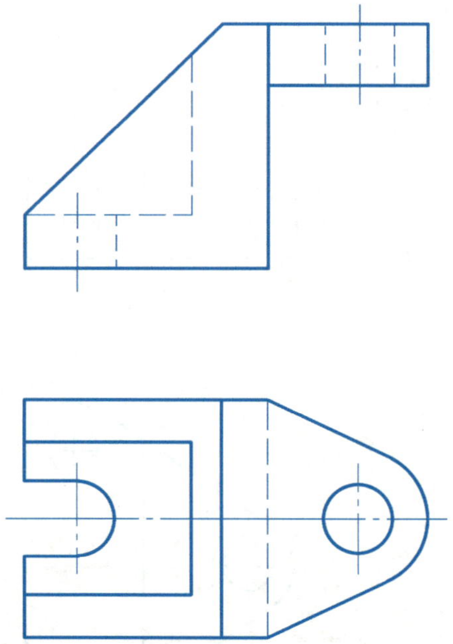

(13)

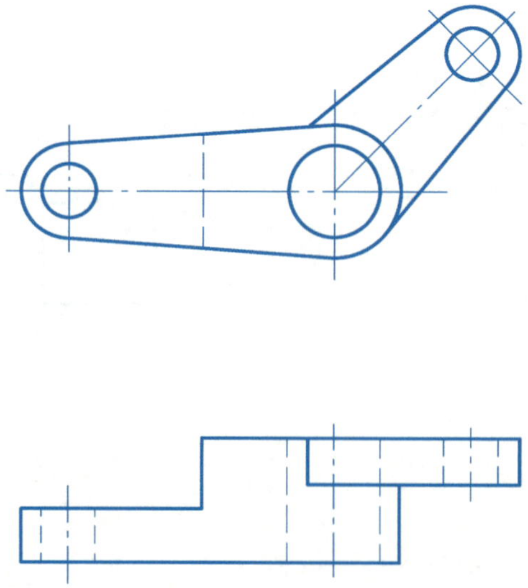

(14)

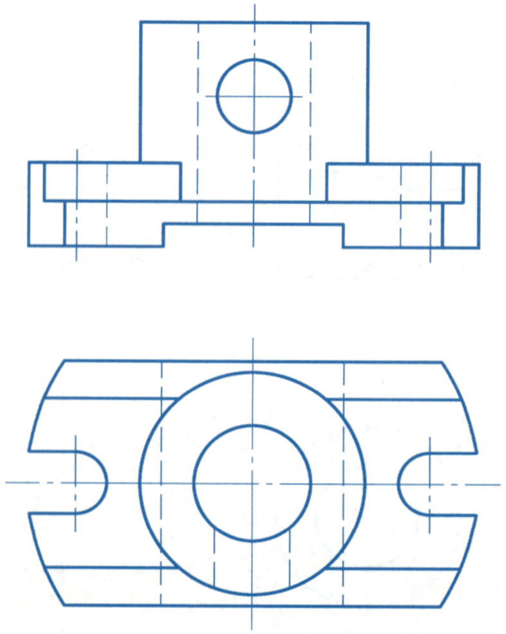

十六、组合体的构形设计

班级　　　　姓名　　　　学号

根据给定两视图，想象并设计出其空间可能的形状（均有多解），然后补画各解的第三视图。

(1)

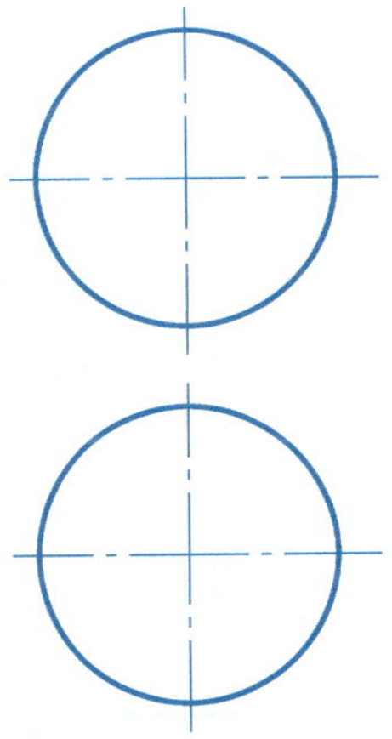

(2)

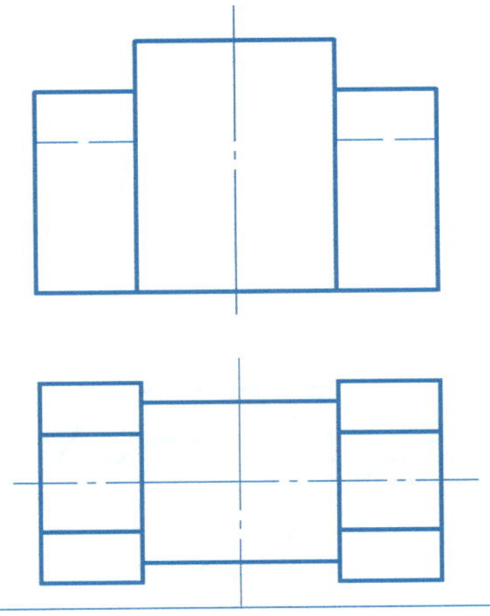

(3)

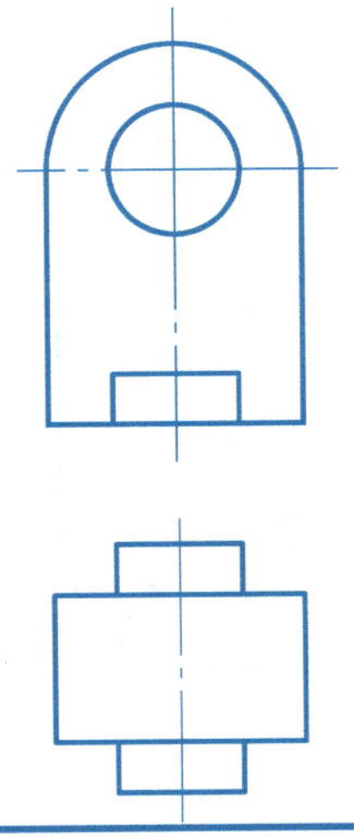

(4)

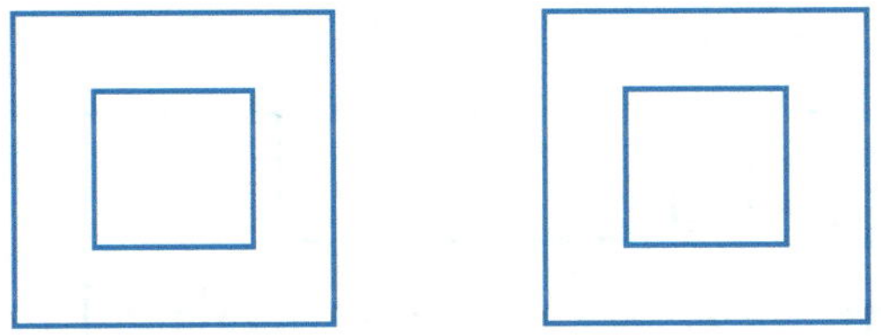

根据给定两视图，补画第三视图，并标注尺寸（用 A4 图纸，比例 1:1）。

（1）

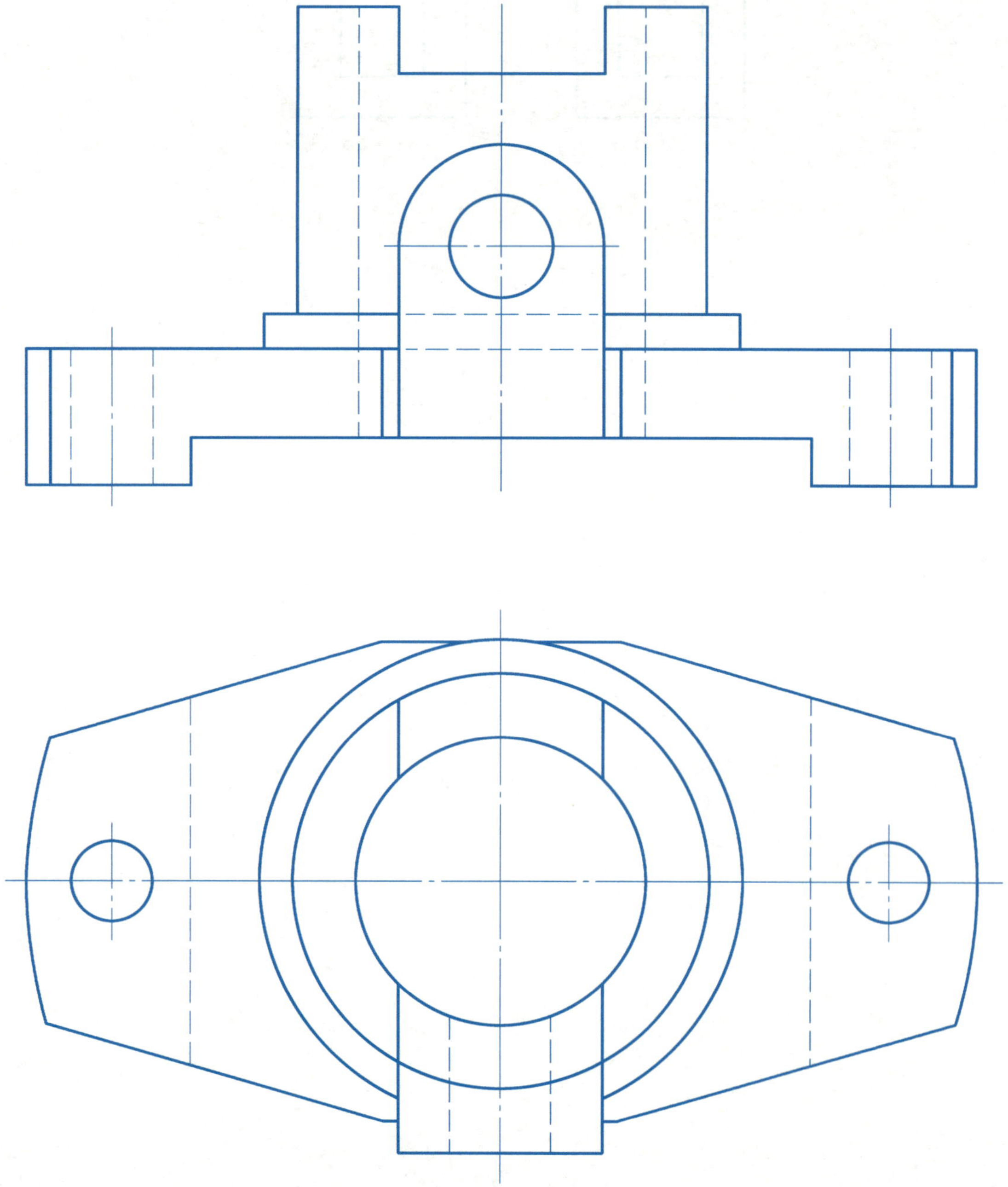

（2）

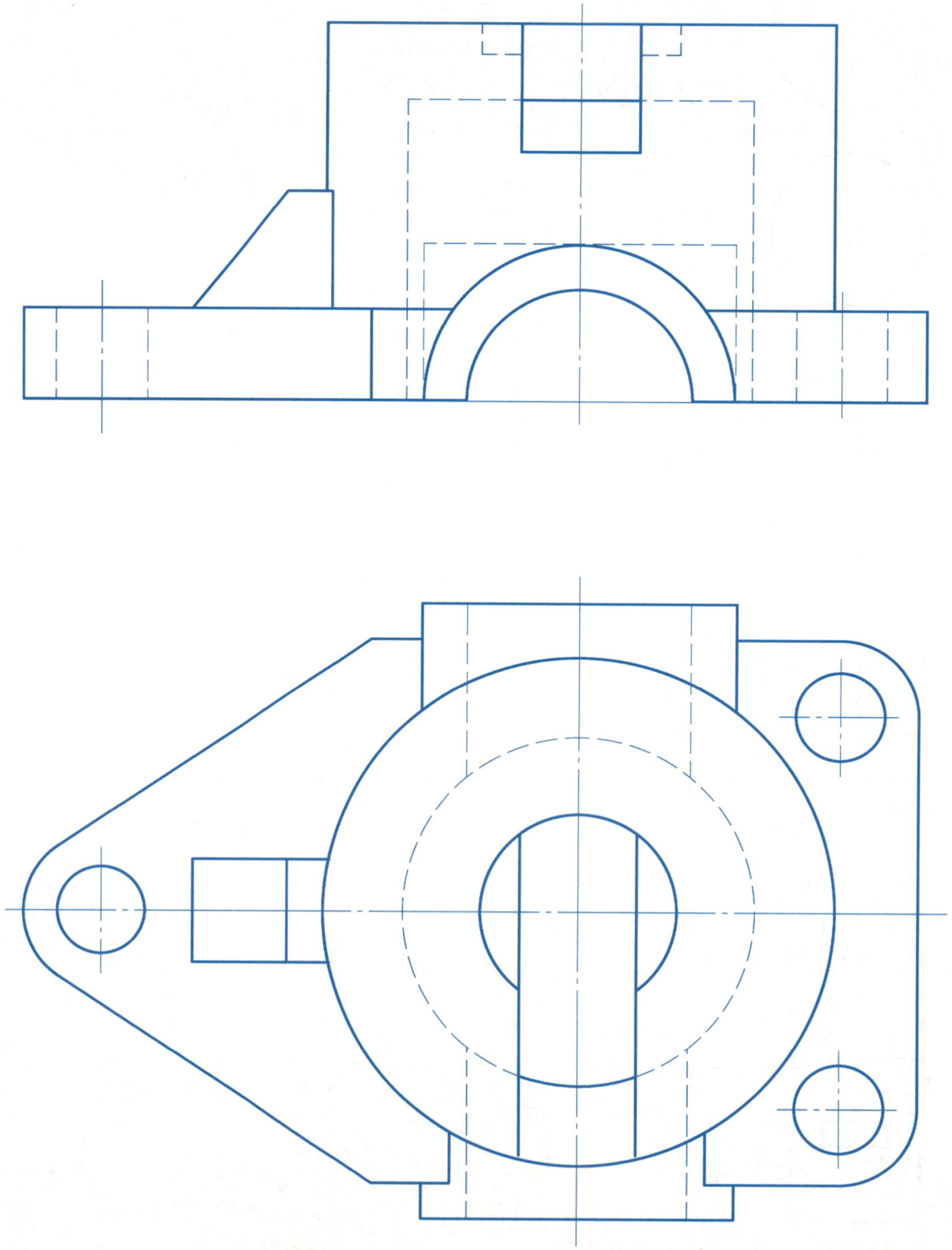

1. 画出立体的正等轴测图。

（1）

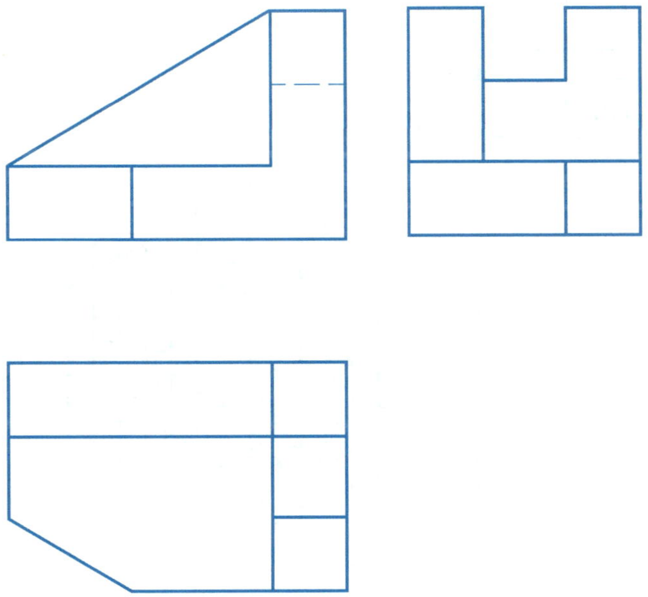

（2）

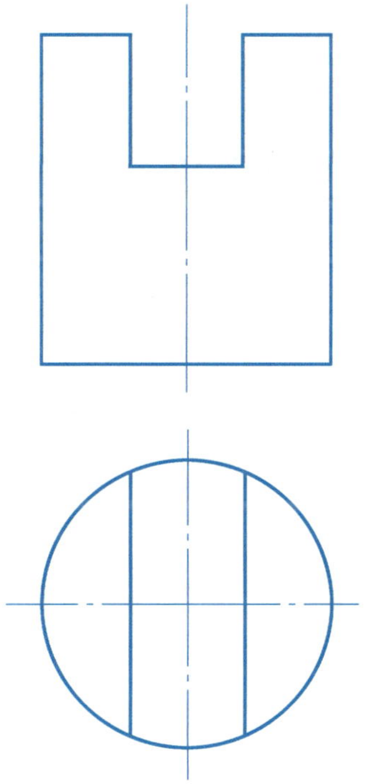

（3）

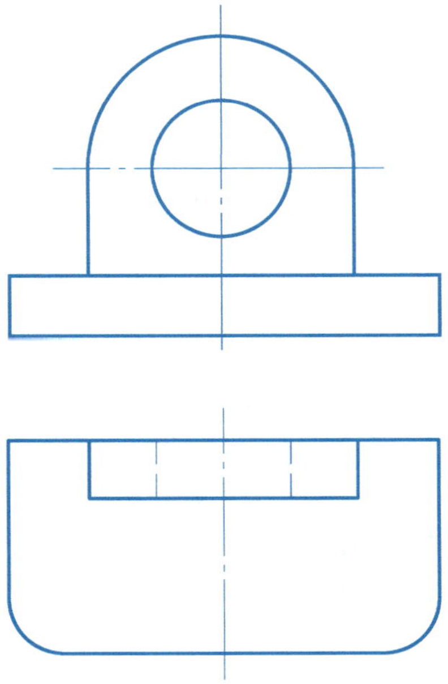

（4）

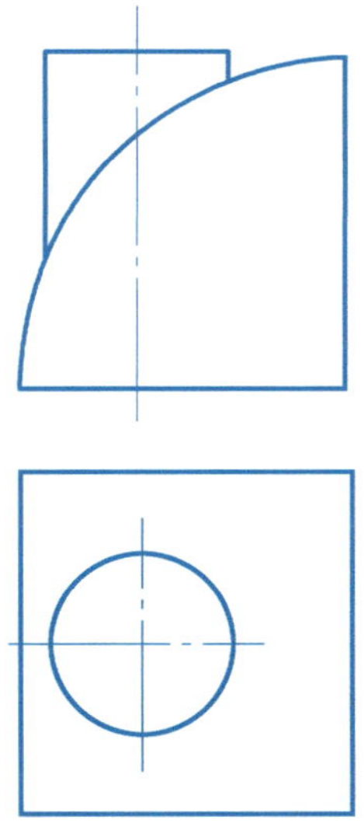

2. 画出立体的正等轴测图。

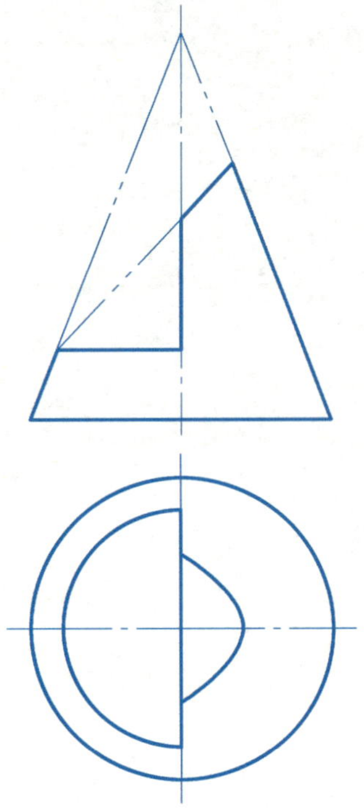

3. 画出立体的正面斜二测投影图。

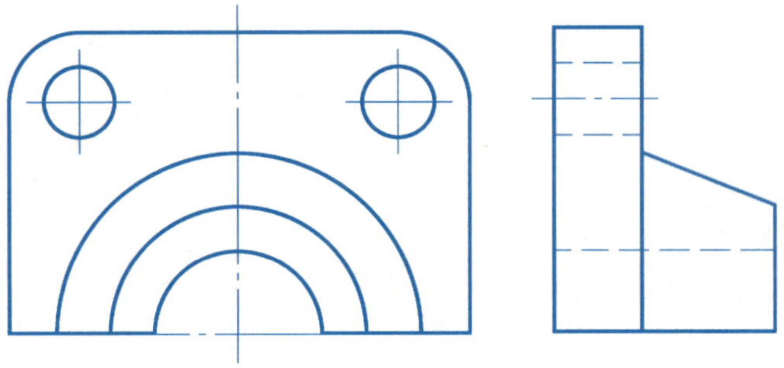

4. 徒手画立体的正等轴测图。

（1）

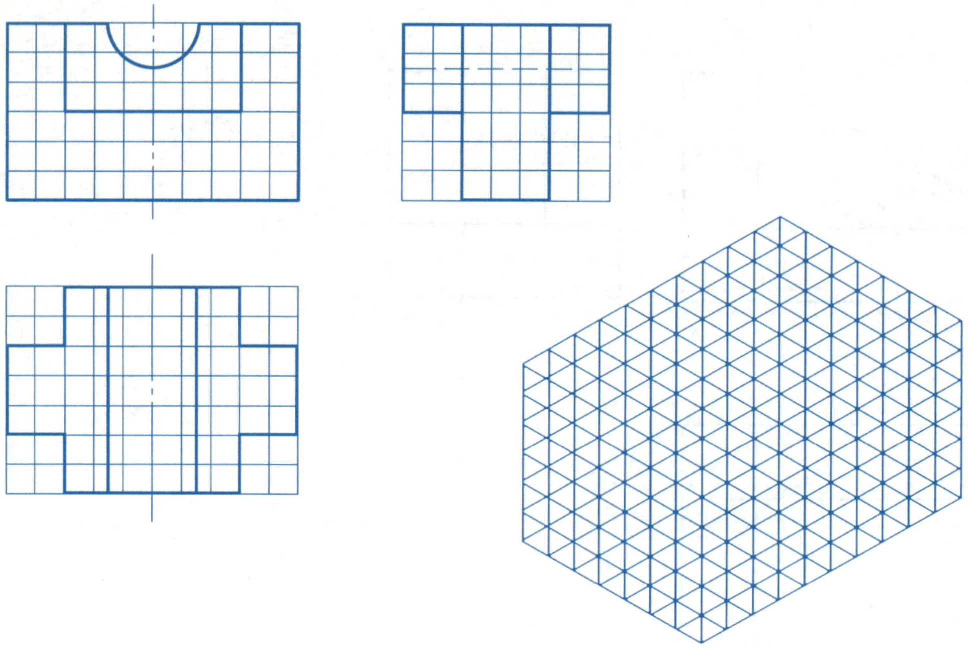

（2）

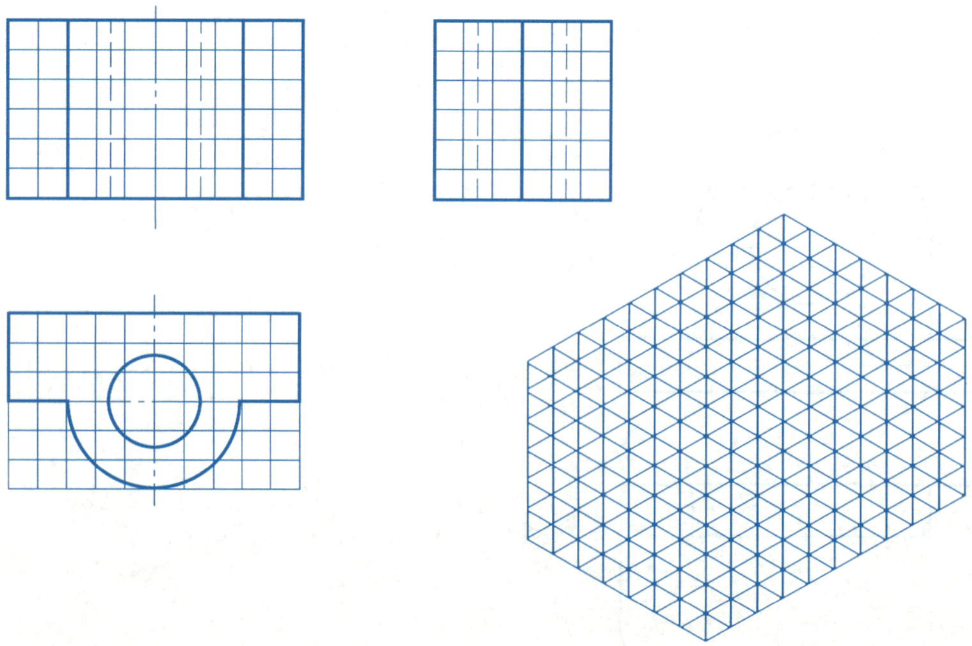

5. 画出立体的正等轴测剖视图。

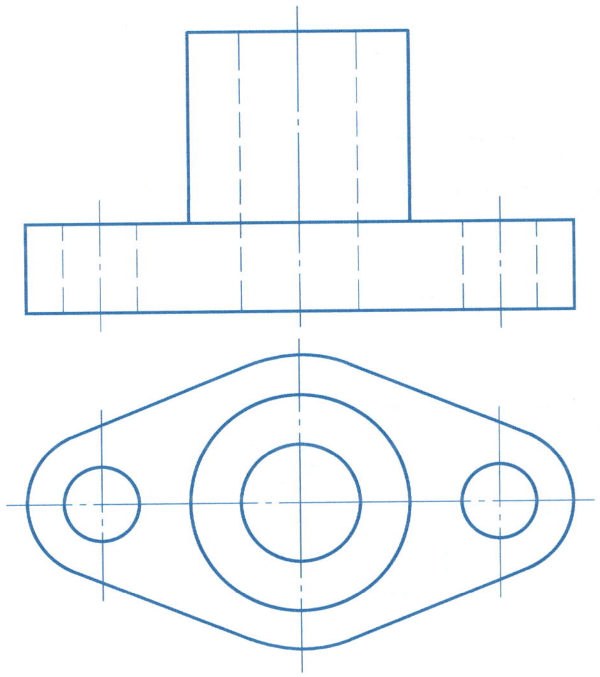

6. 画出立体的正面斜二测剖视图。

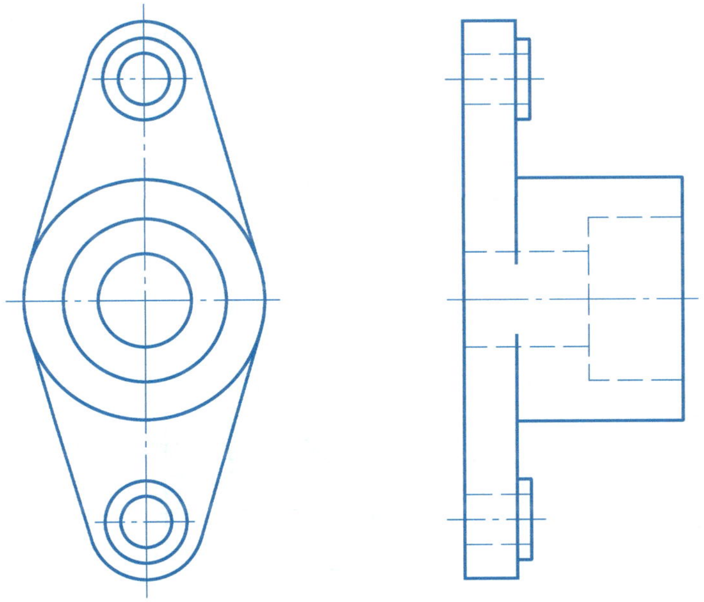

班级　　　　姓名　　　　学号

1. 画出机件的其余三个基本视图。（保留虚线）

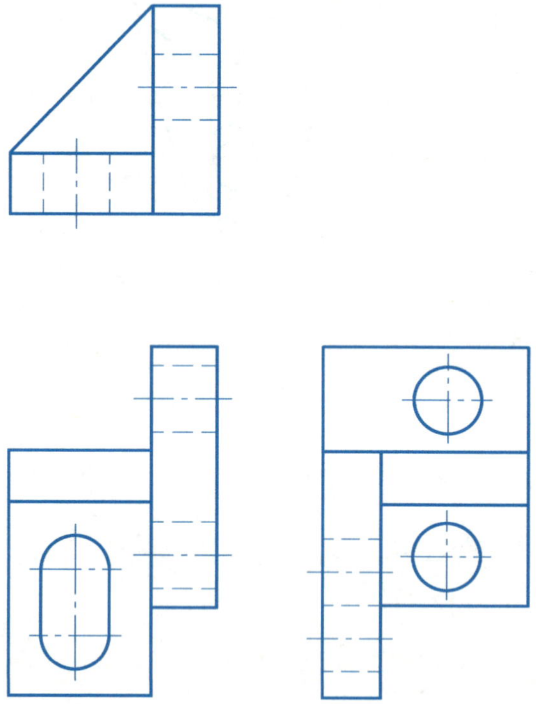

2. 画出机件的A向斜视图、B向局部视图。

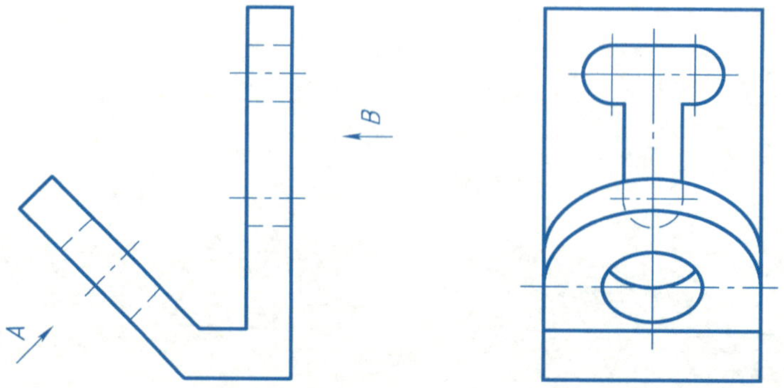

3. 按箭头所指的方向，在适当位置画出相应的向视图。（保留虚线）

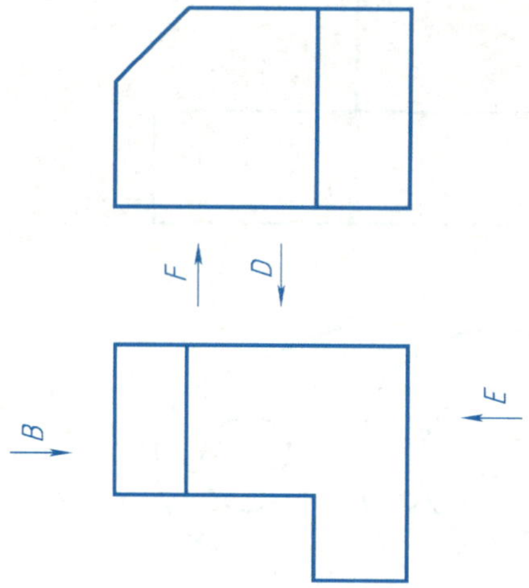

1. 在指定位置将主视图画成全剖视图。

（1）

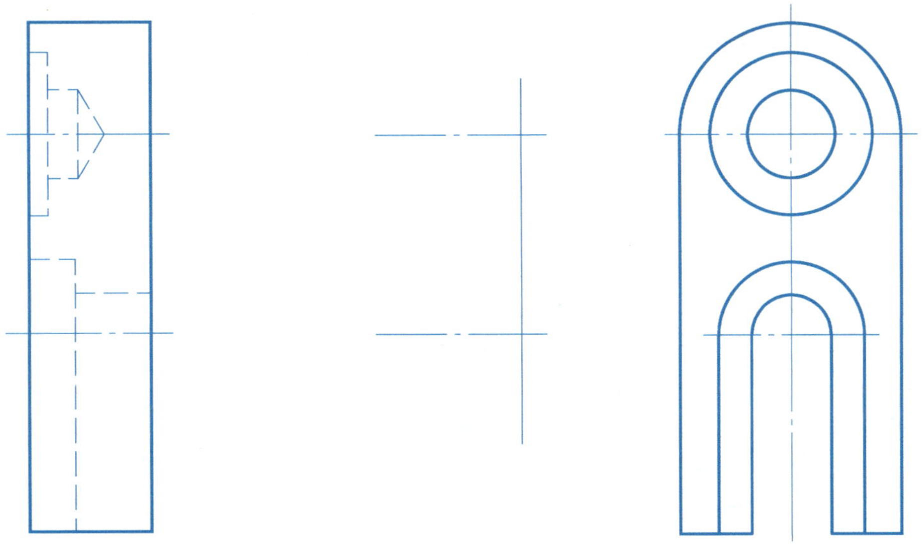

（2）

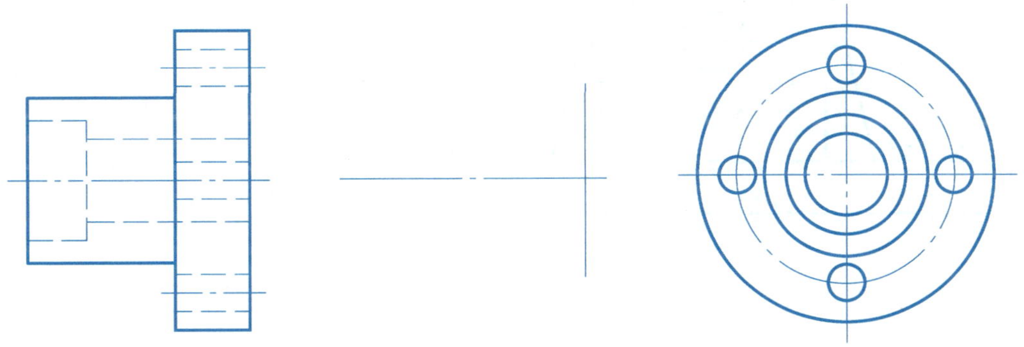

（3）

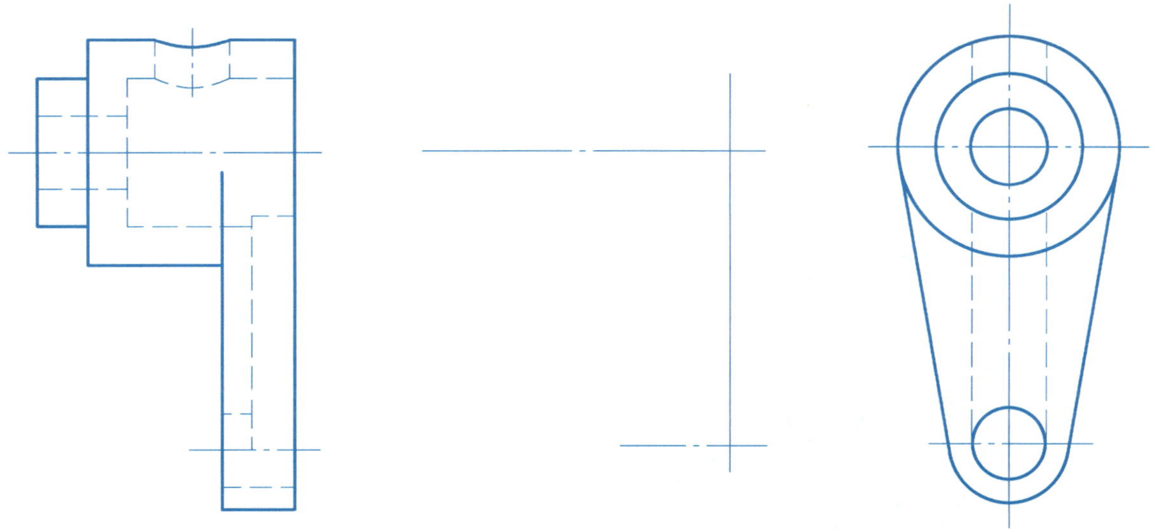

（4）

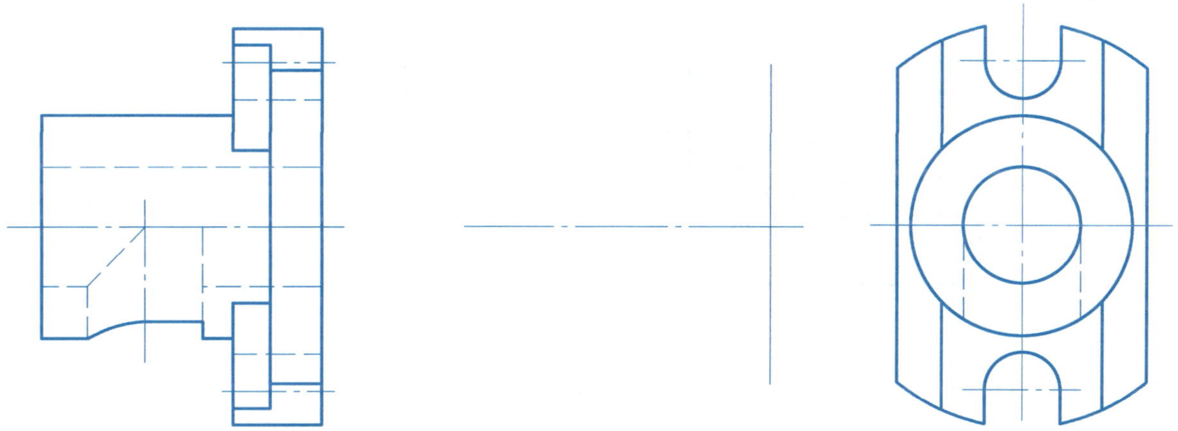

2. 在指定位置将主视图画成半剖视图，左视图画成全剖视图。

（1）

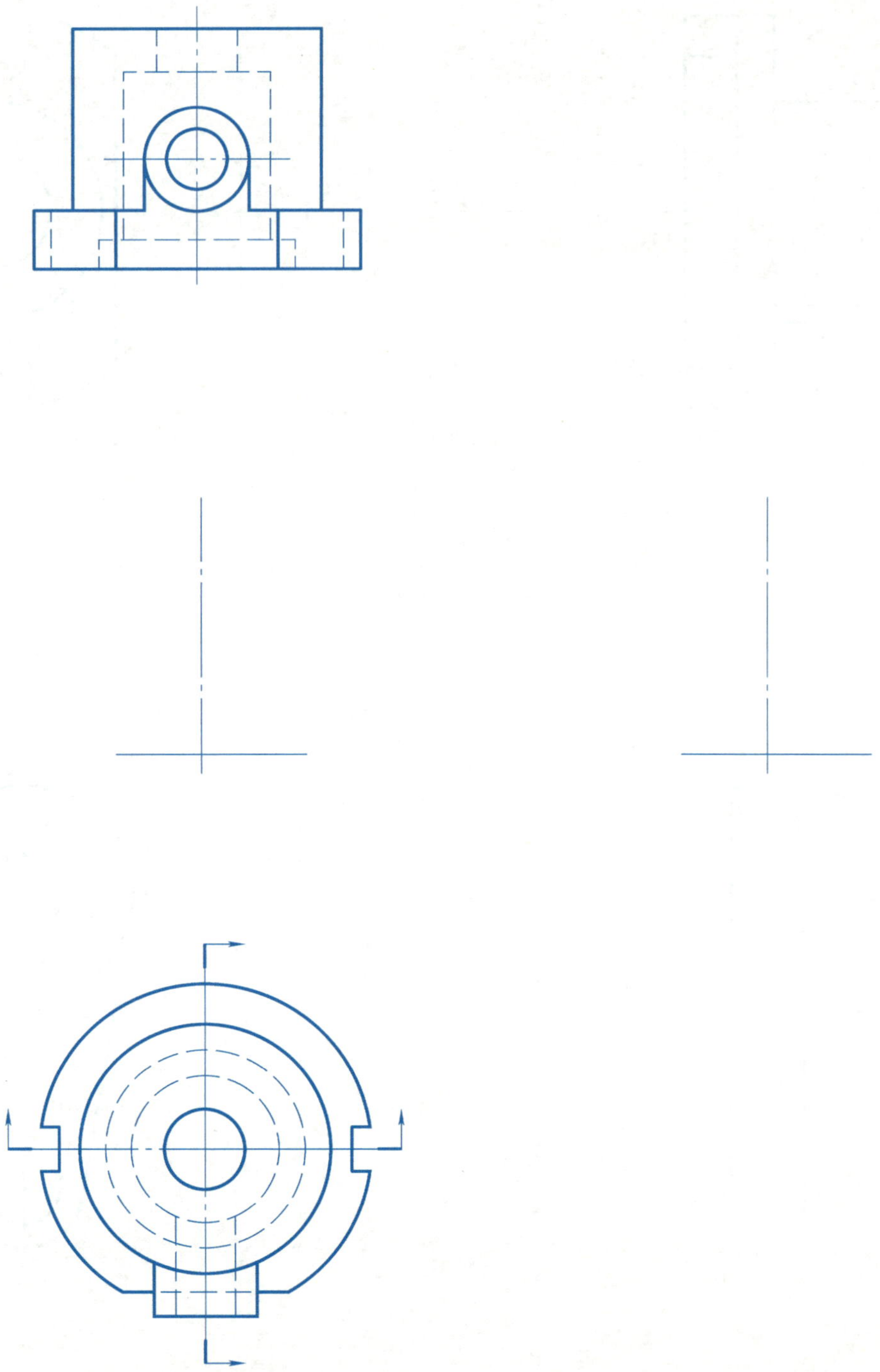

（2）

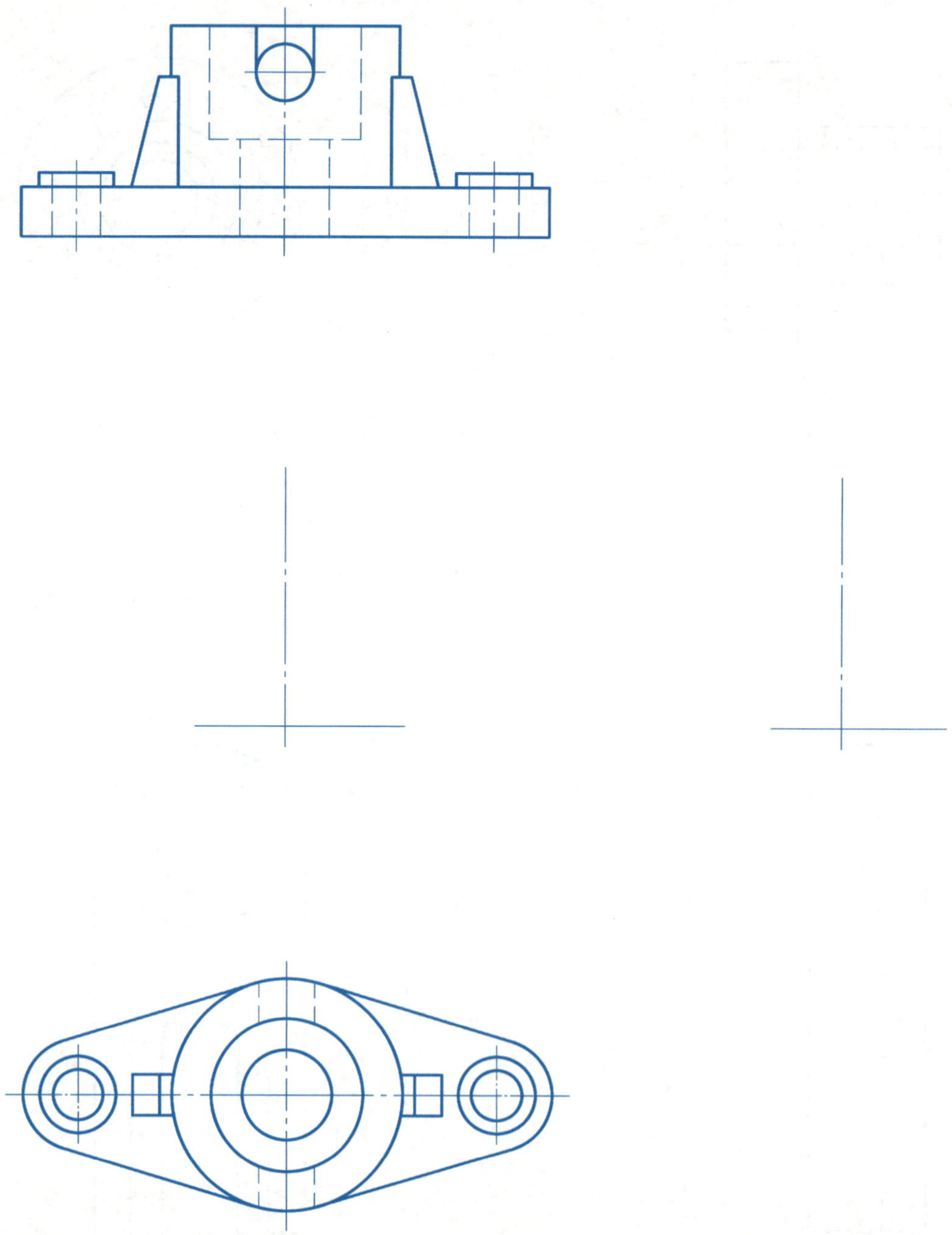

（3）

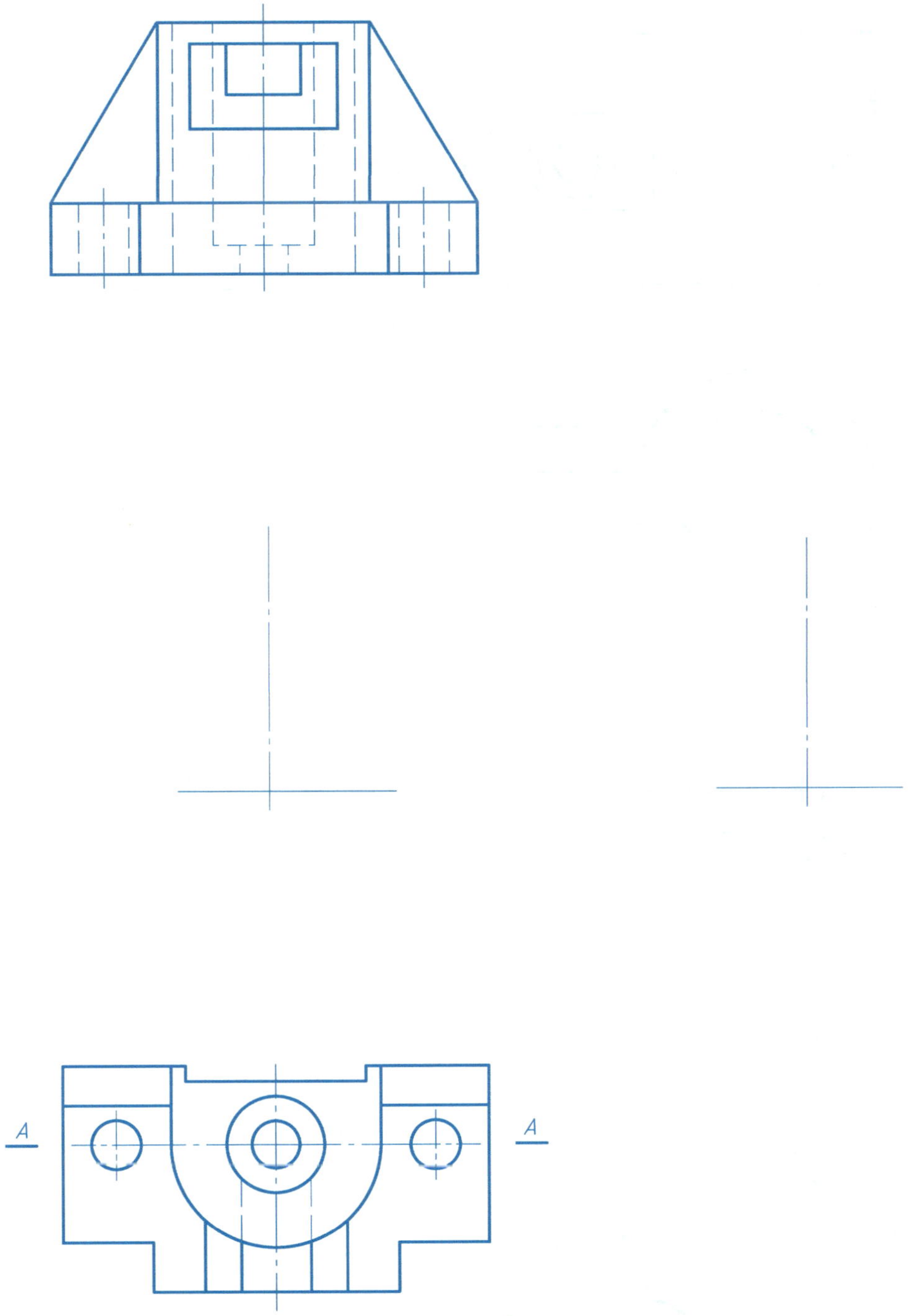

（4）

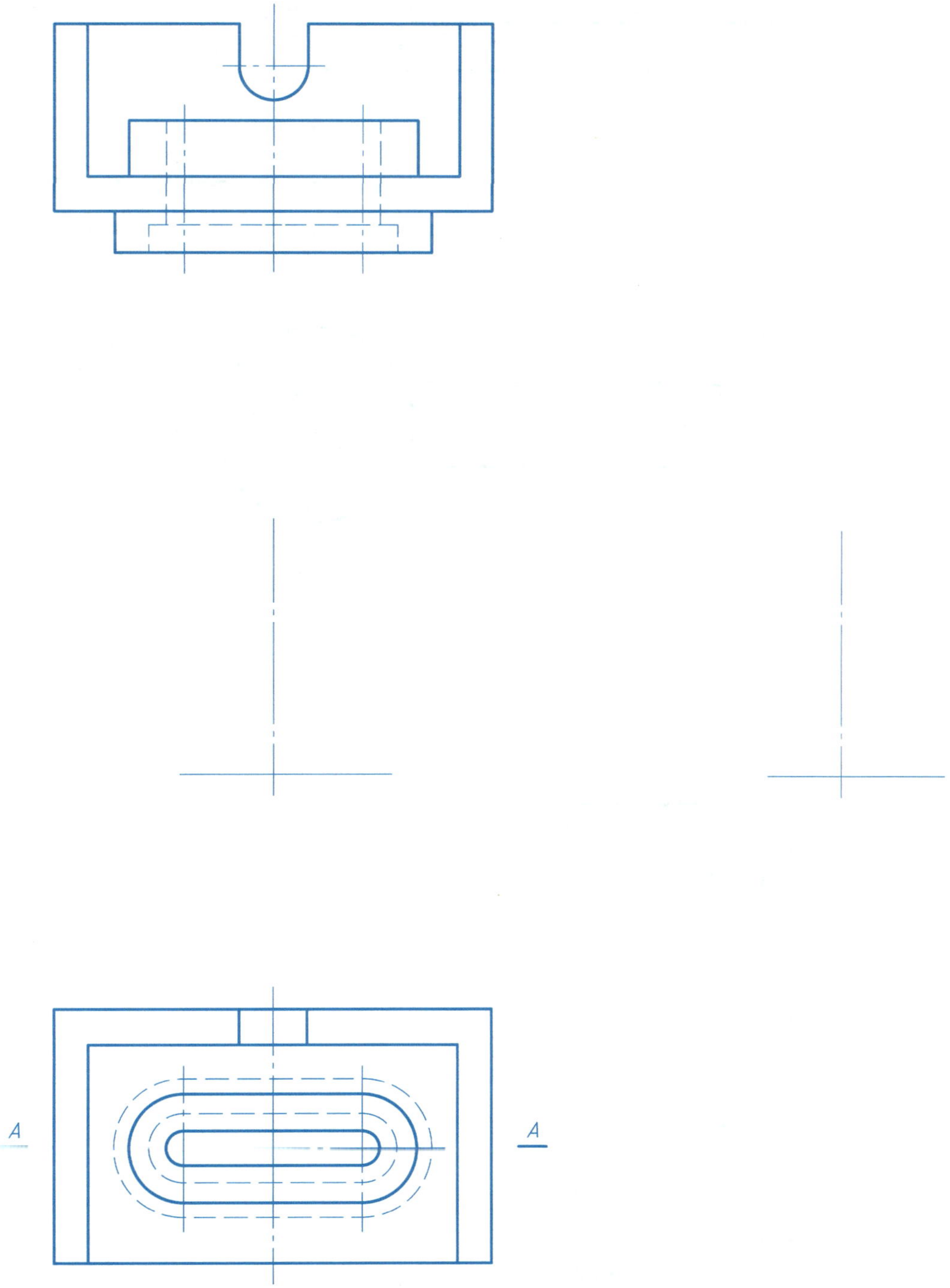

二十、剖视图（四）

班级　　　　姓名　　　　学号

3. 在指定位置把主视图画成局部剖视图。

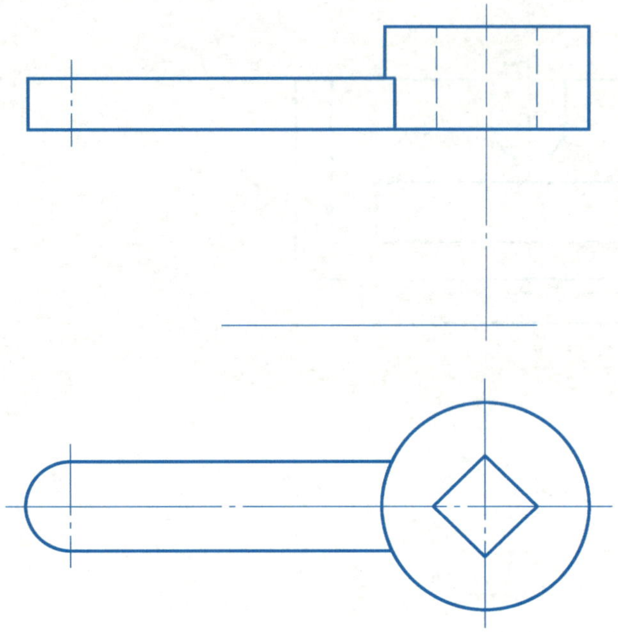

4. 重新选择表达方案表达机件。

（1）

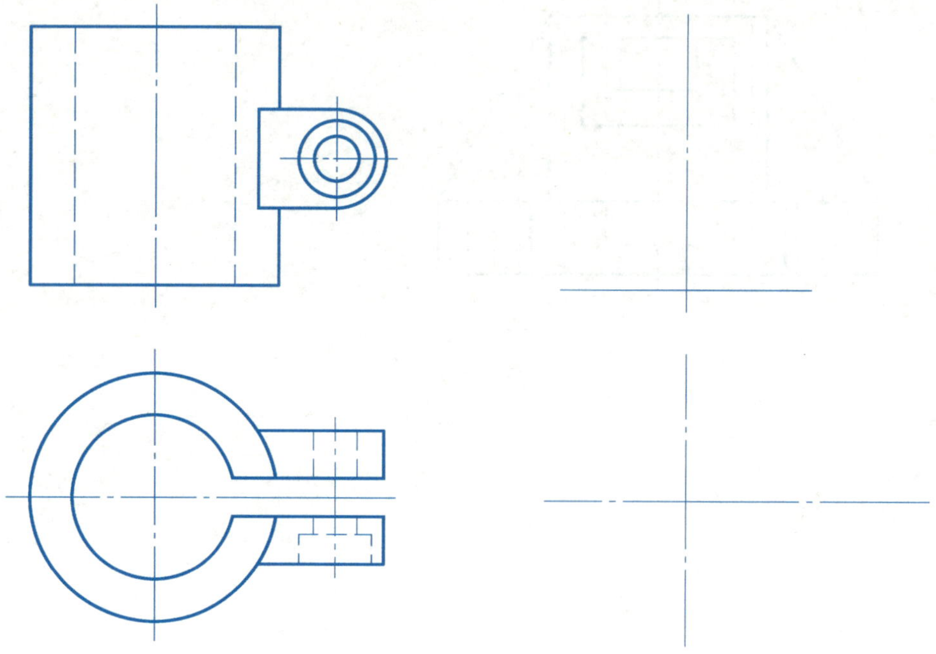

5. 分析视图中的错误，作出正确的剖视图。

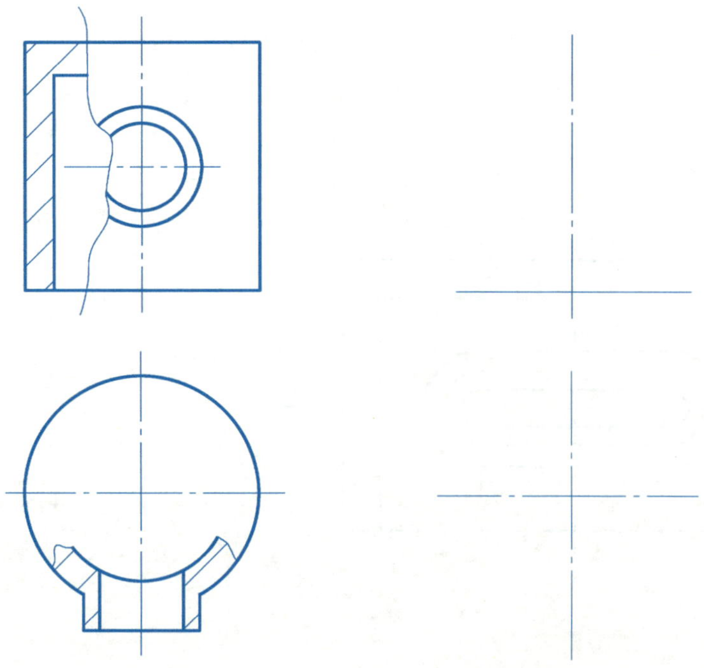

（2）

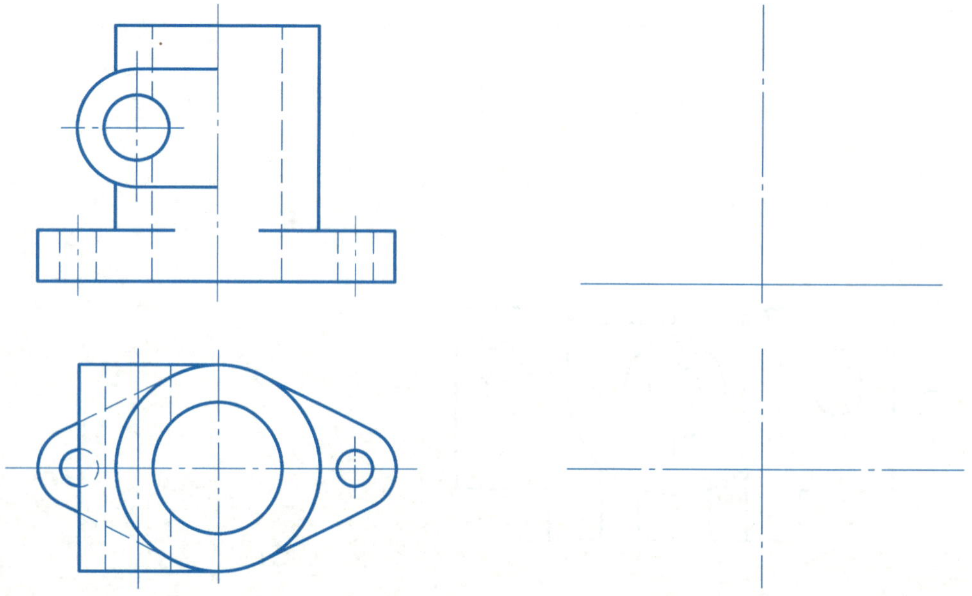

班级　　　　姓名　　　　学号

6. 在指定位置用相交剖切面剖切的方法将主视图画成全剖视图。

（2）

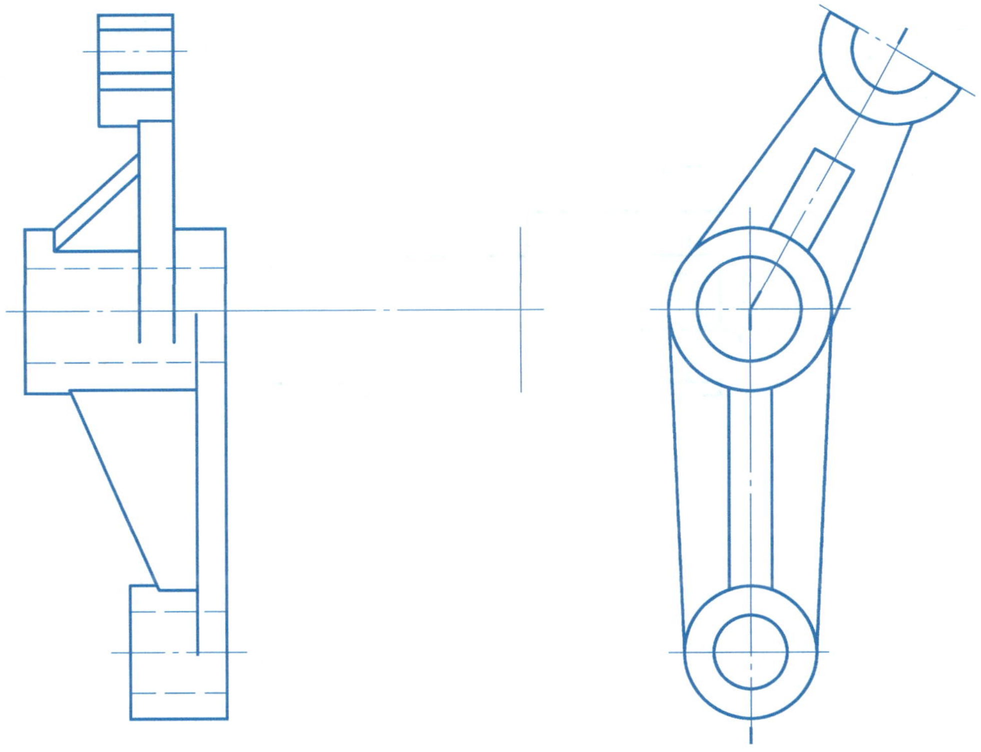

（1）

7. 在指定位置用平行剖切面剖切的方法将主视图画成全剖视图。

（2）

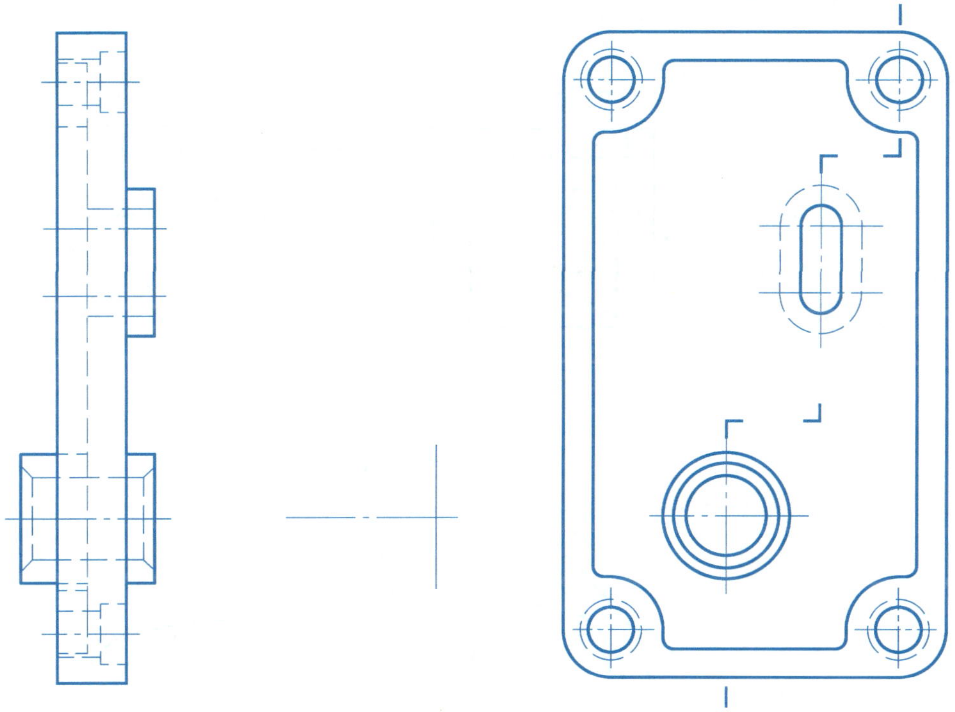

（1）

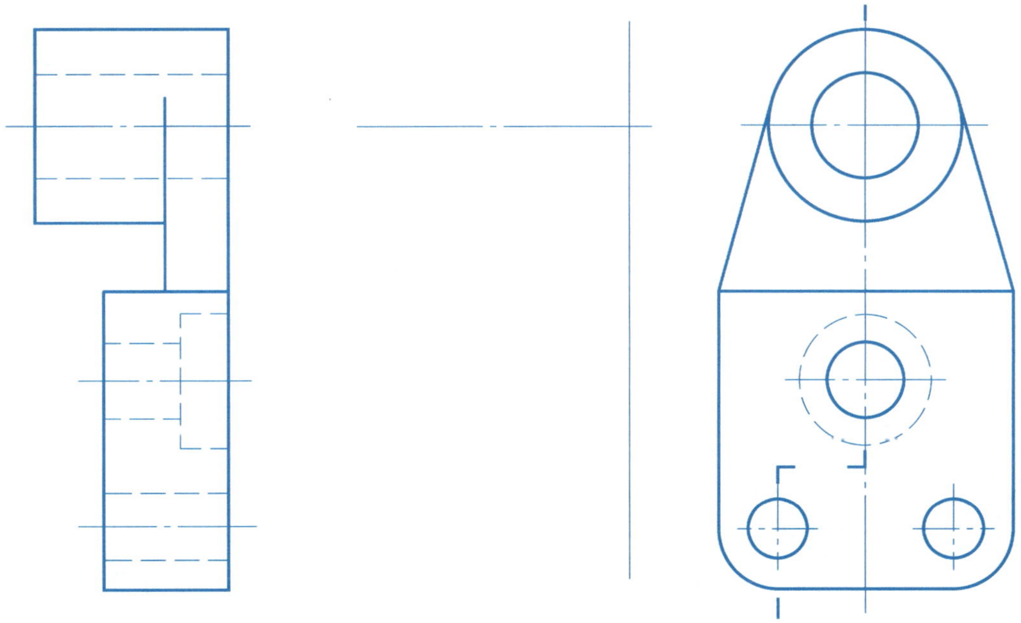

8. 在指定位置作 *A*—*A* 剖视图。

（1）

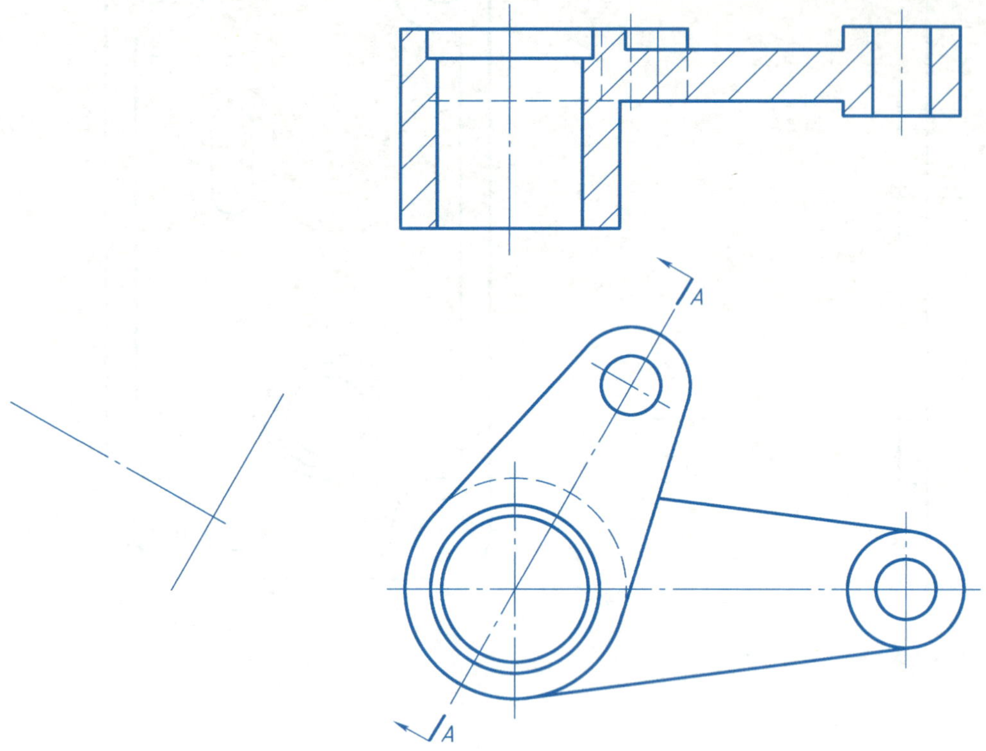

（2）

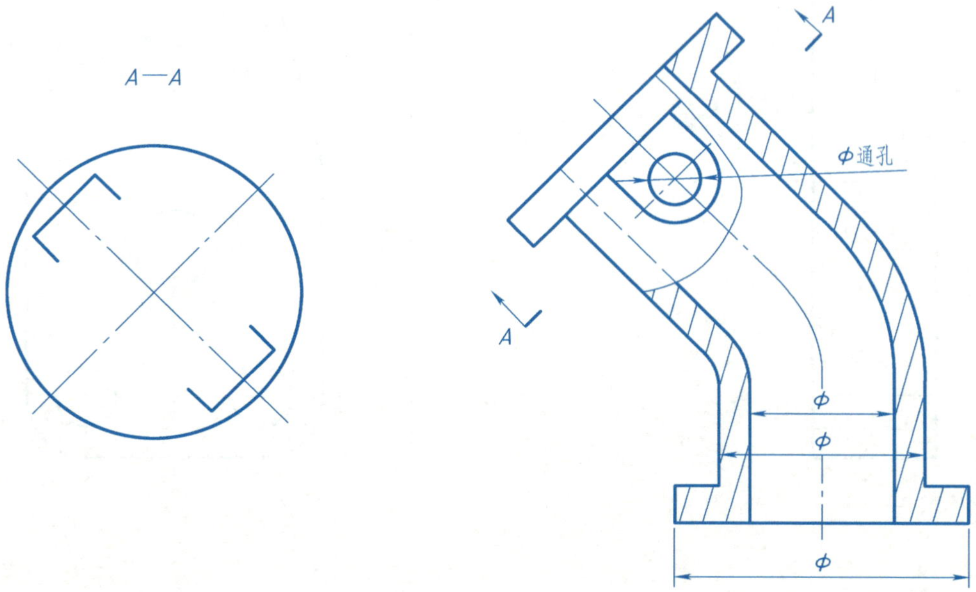

（3）

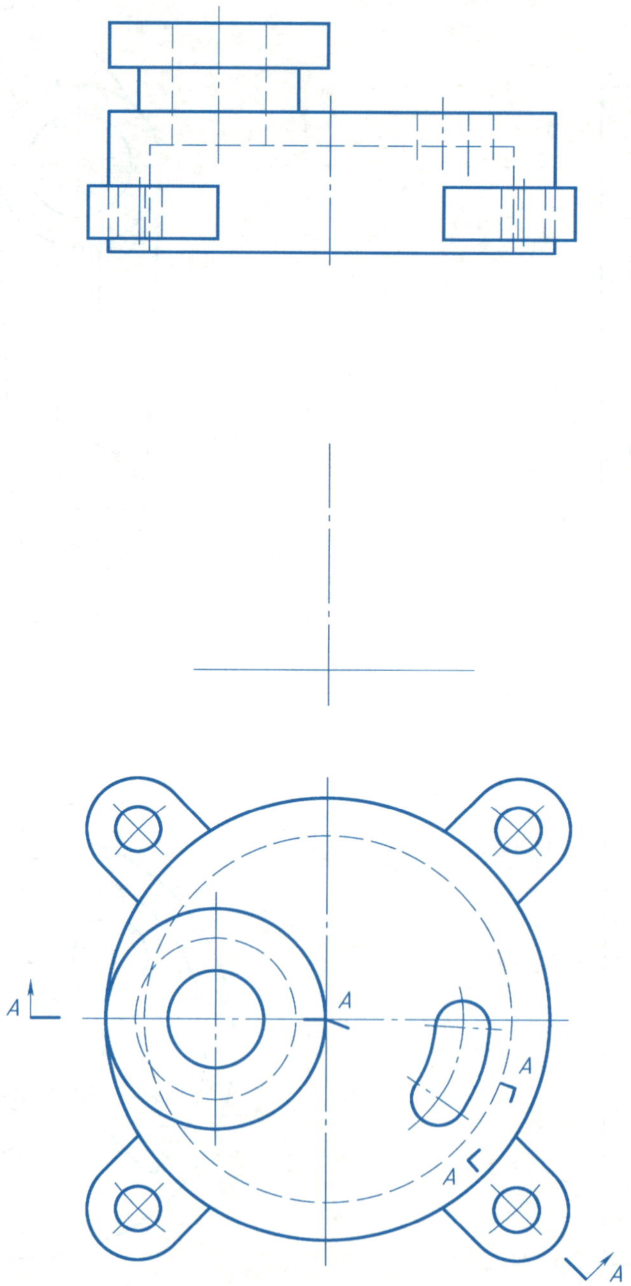

二十一、断面图（一）

班级　　姓名　　学号

1. 在指定位置画出断面图。

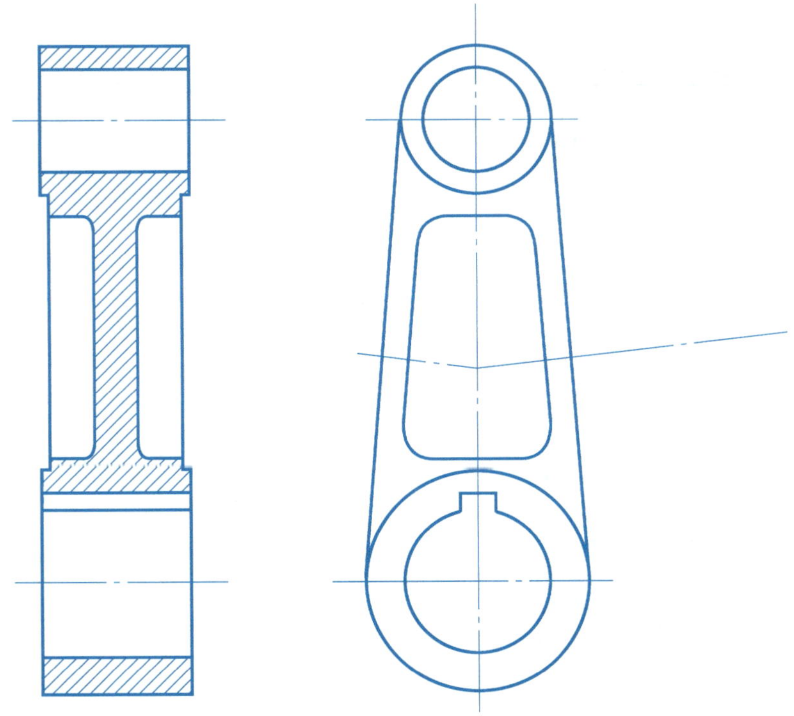

2. 在俯视图中断处画出十字肋的断面图。

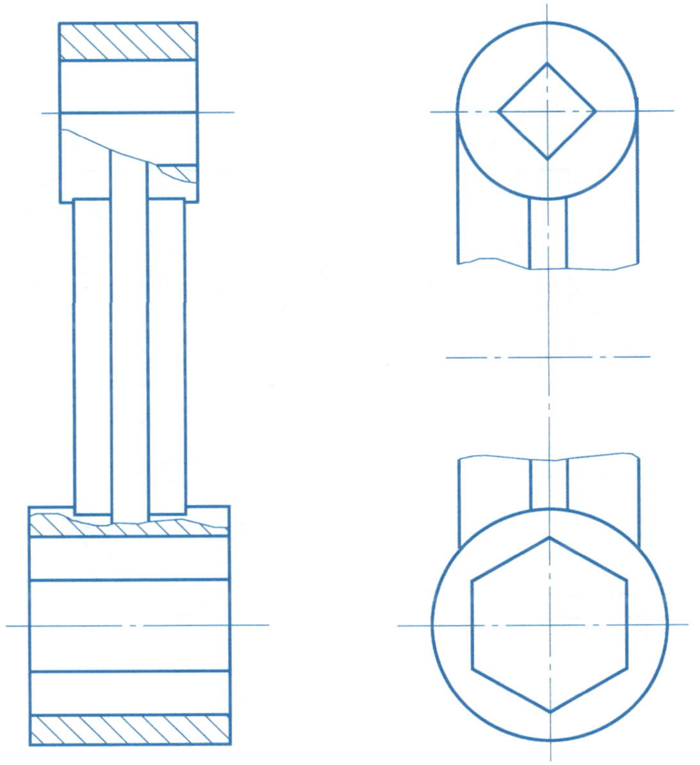

3. 画出 $A—A$ 断面图。

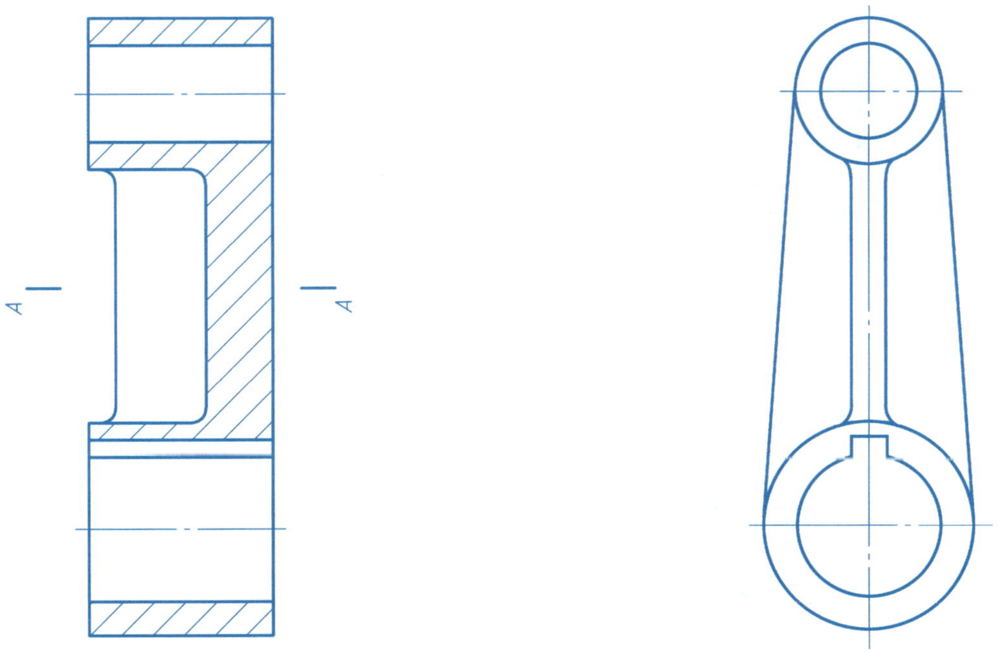

4. 画出轴上指定位置的断面图。（前后对称）

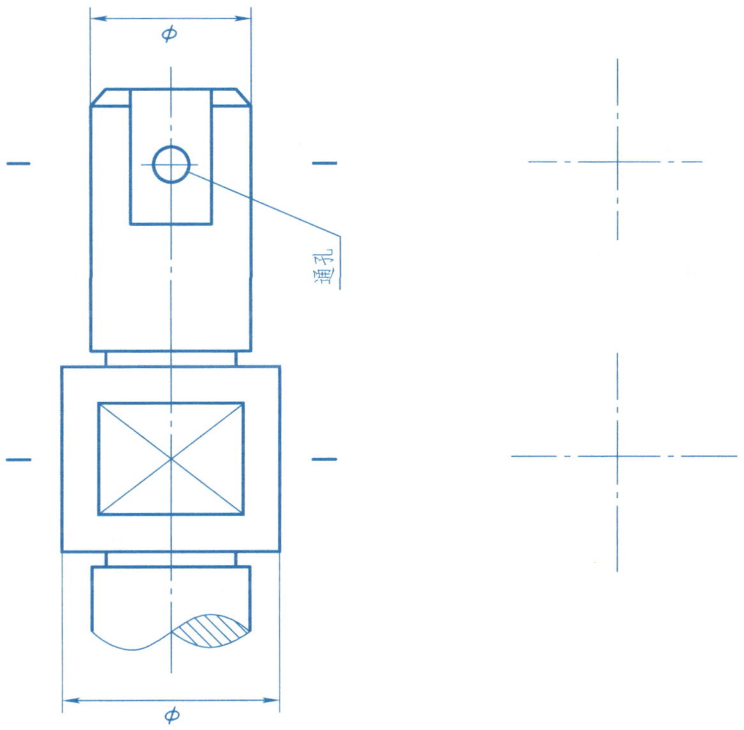

5. 画出轴上指定位置的断面图（左侧键槽深4mm，右侧键槽深3mm）。

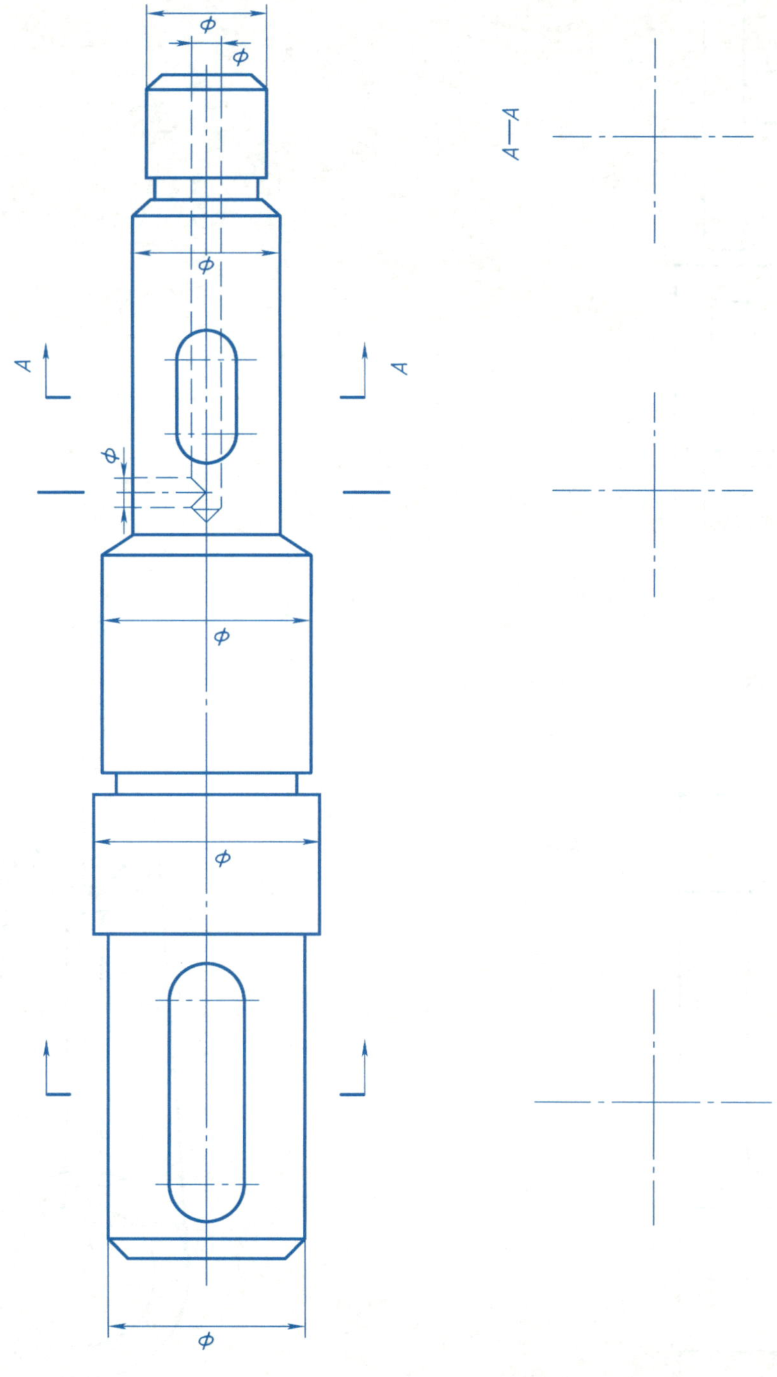

7. 画出肋板的重合断面图。

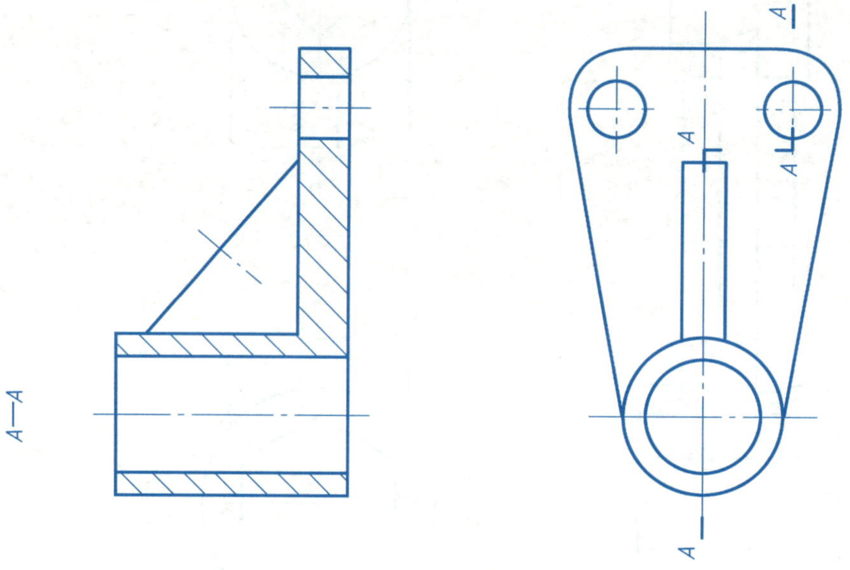

6. 画出轴上指定位置的断面图（键槽深3mm）。

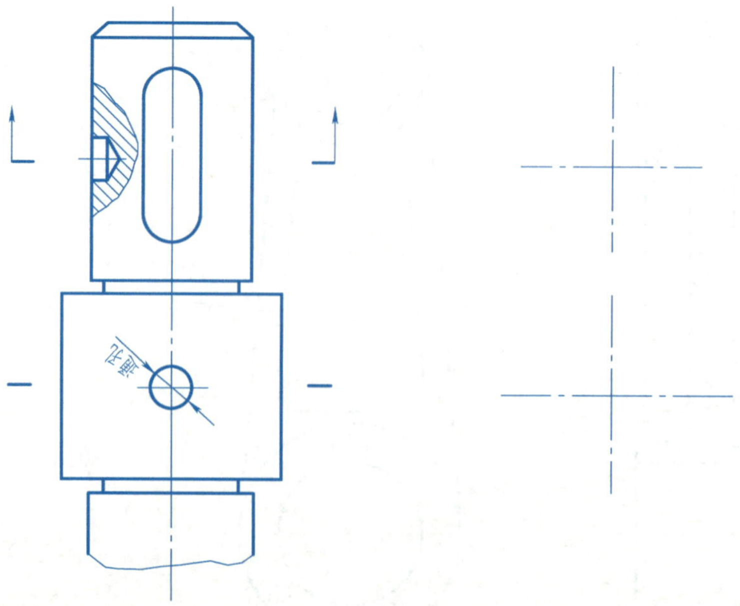

二十二、综合练习（一）

班级　　　　姓名　　　　学号

1. 表达方法选择填空题。

（1）已知机件的主视图和俯视图，四个左视图表达正确的是（　　）。

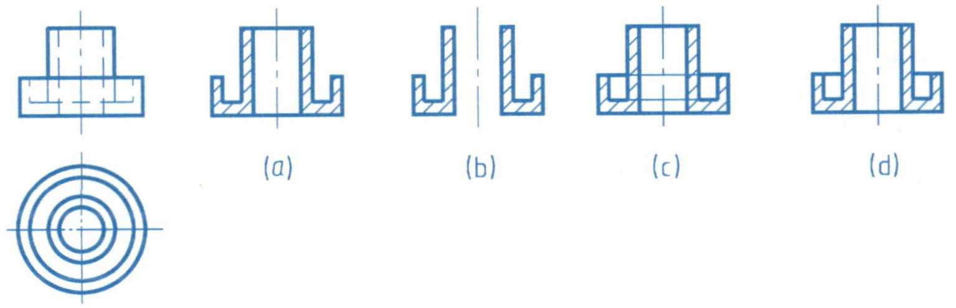

（2）已知机件的主视图和俯视图，四个左视图表达正确的是（　　）。

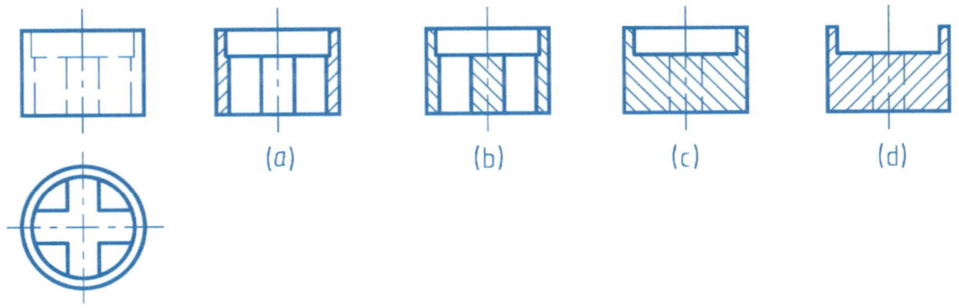

（3）已知机件的主视图和俯视图，下列三种主视图的全剖视图表达正确的是（　　）。

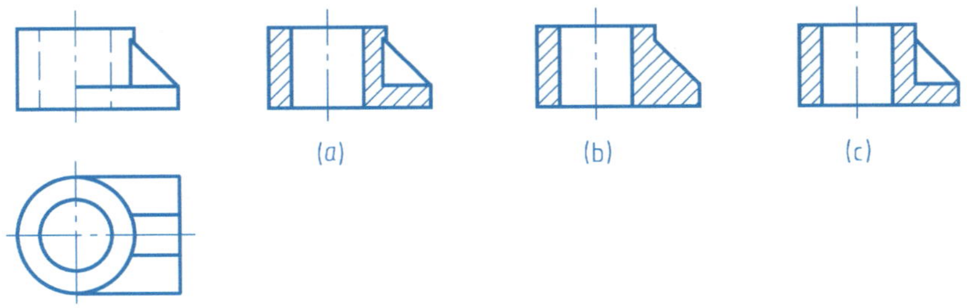

（4）下面是四种不同机件的局部剖视图，哪几组表达是正确的（　　）。

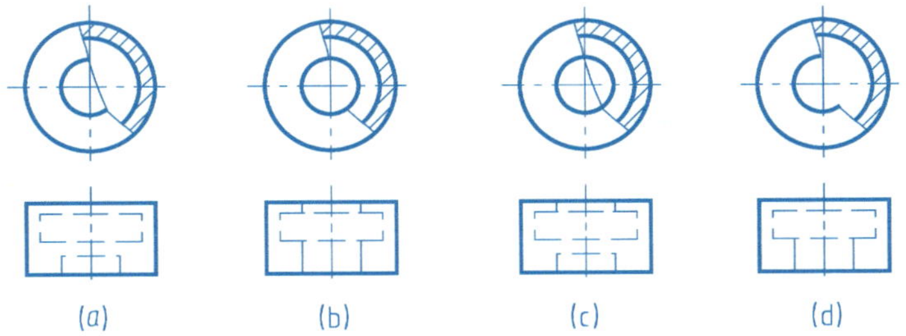

（5）下列四组剖视图中，哪一判断是正确的（　　）。

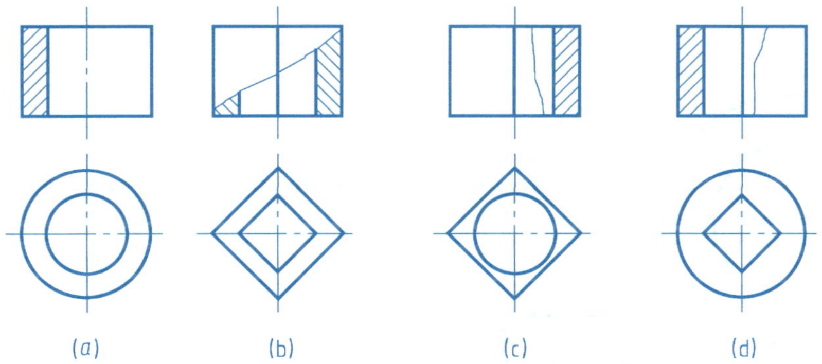

（1）（a）正确
（2）（c）、（d）正确
（3）只有（b）正确
（4）四组图都正确

（6）下列四组移出断面图中，哪一组是正确的（　　）。

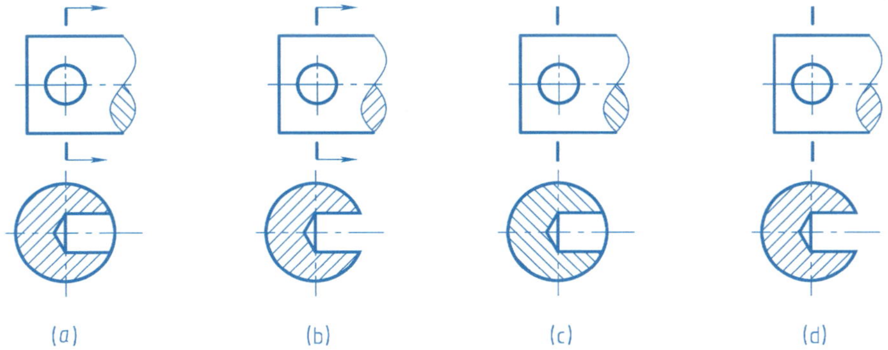

（7）下列四组重合断面图中，哪一组是正确的（　　）。

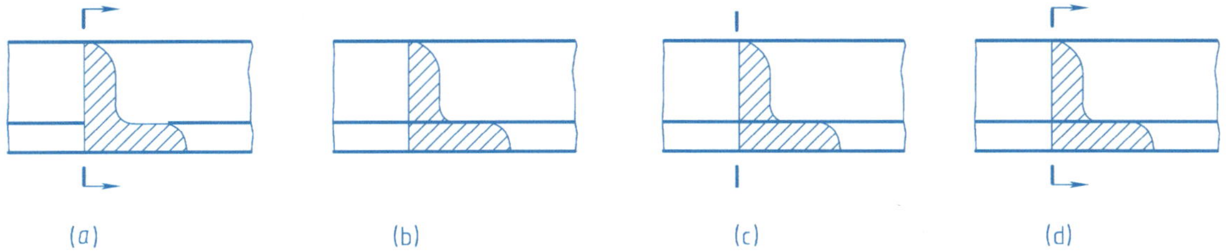

（8）对四种不同的 $A—A$ 移出断面图有如下判断，哪一种判断是正确的（　　）

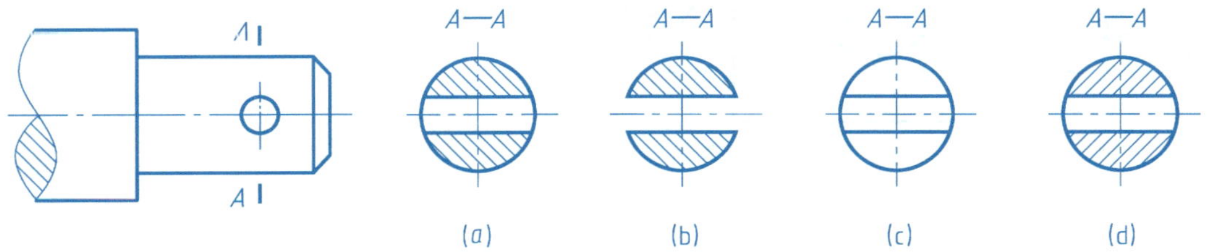

（1）（a）、（d）正确　（2）（a）、（c）正确　（3）只有（b）正确
（4）只有（d）正确

二十二、综合练习（二）

班级　　　　姓名　　　　学号

2. 在指定位置画出主视图和左视图，并取适当剖视。

（1）

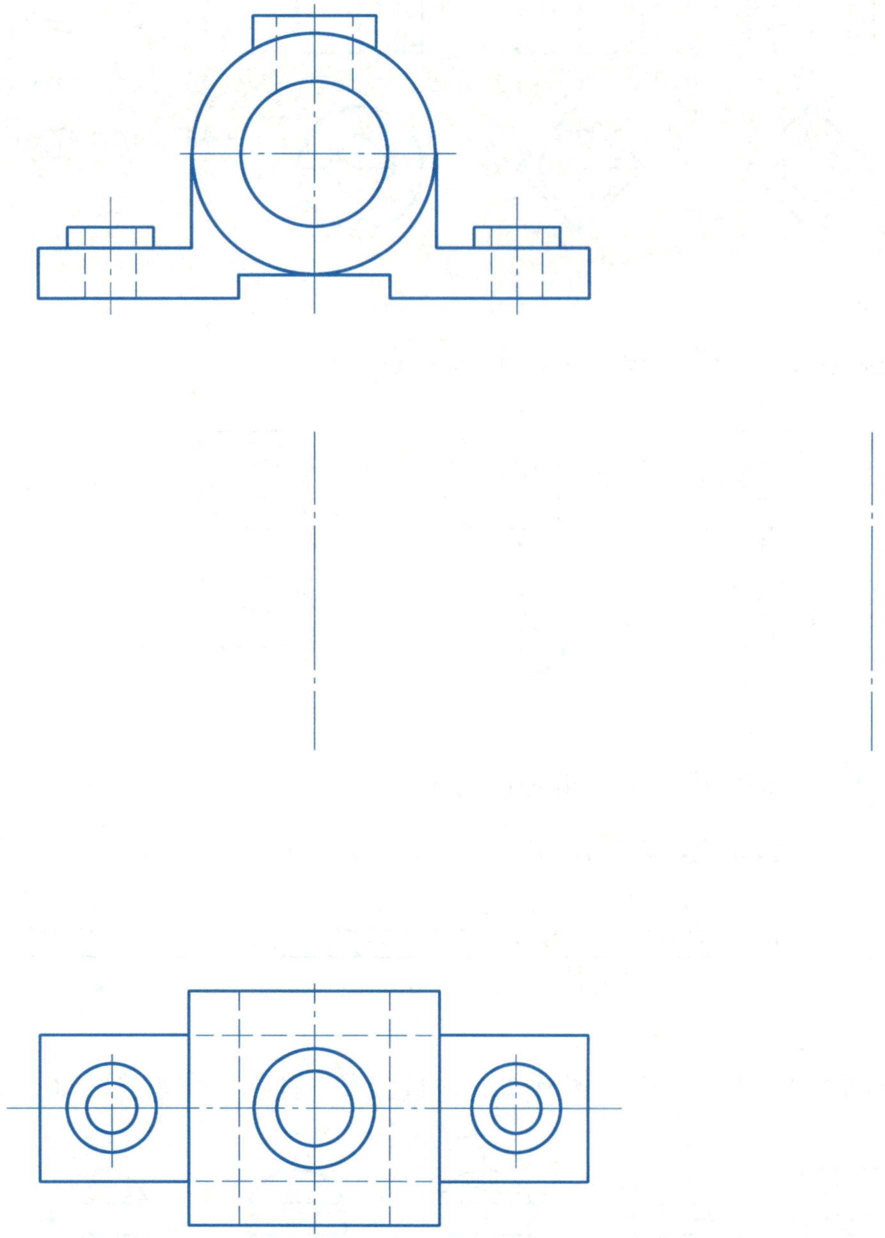

（2）

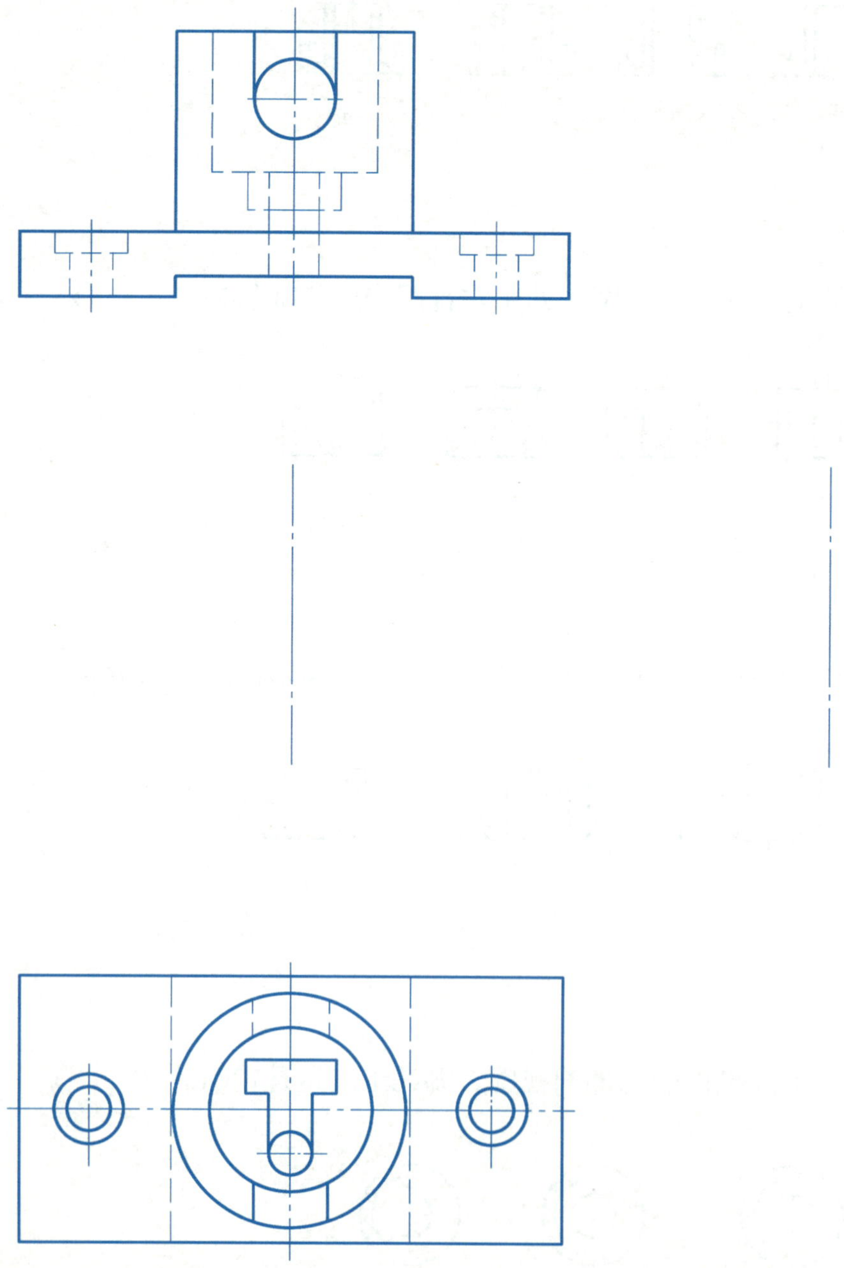

3. 将主视图改画成全剖视图，俯、左视图画成半剖视图。

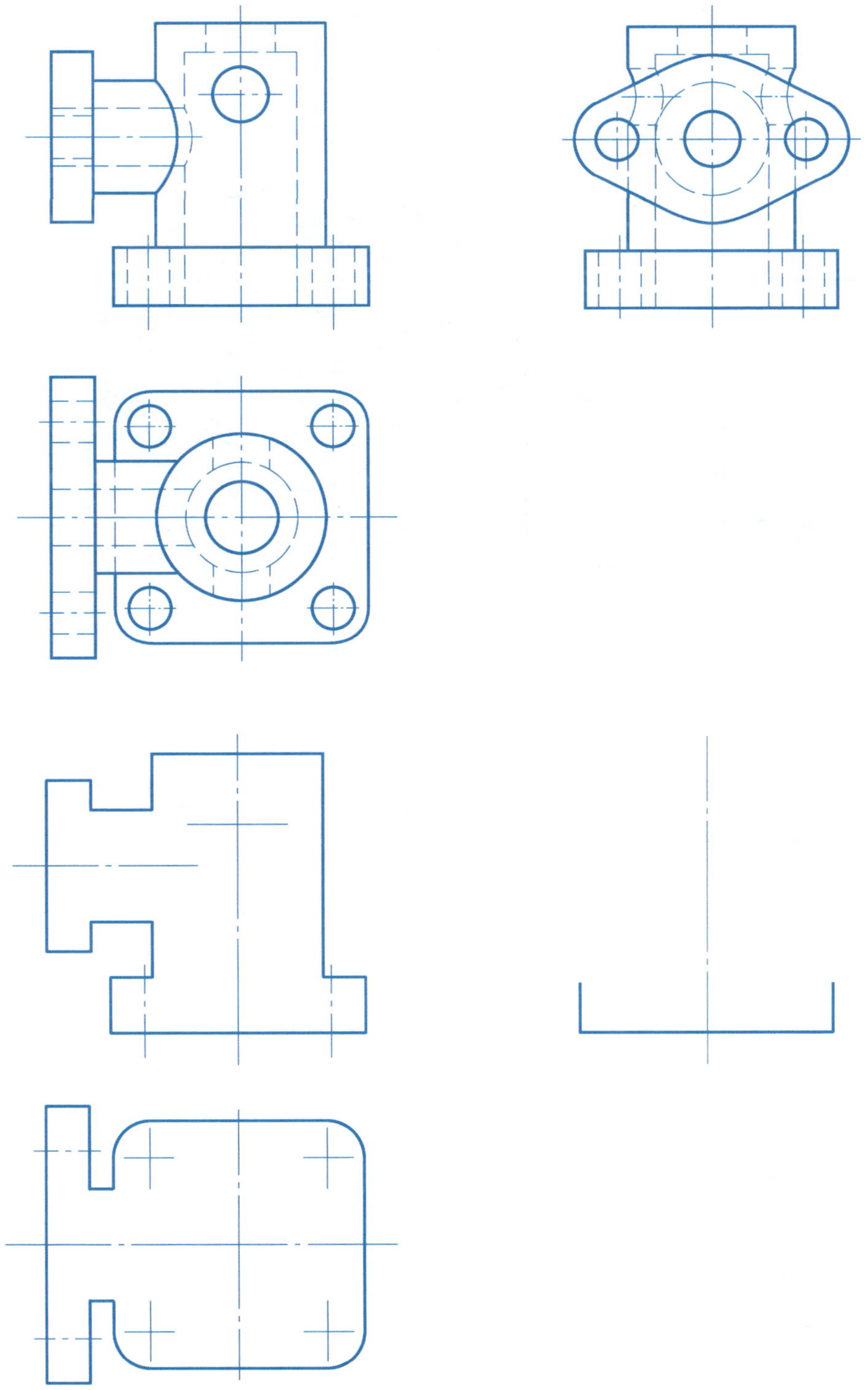

4. 画出左视图并取适当剖视。

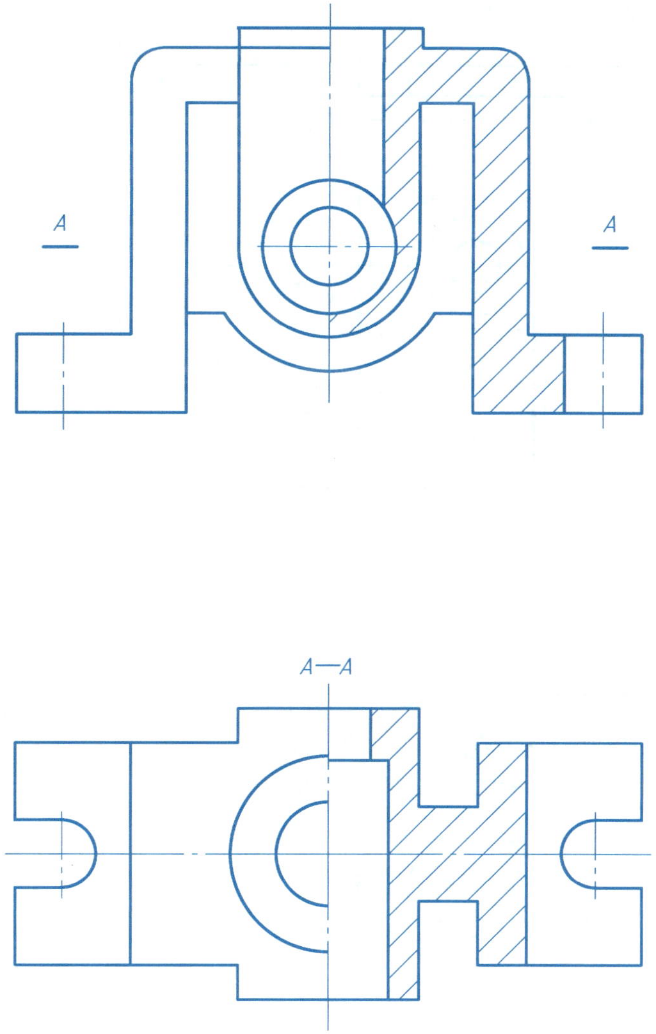

5. 根据给出的视图想象机件的形状，在形体分析的基础上选择适当的表达方案，用1:2 的比例画在 A3 图纸上，并标注尺寸。

（1）

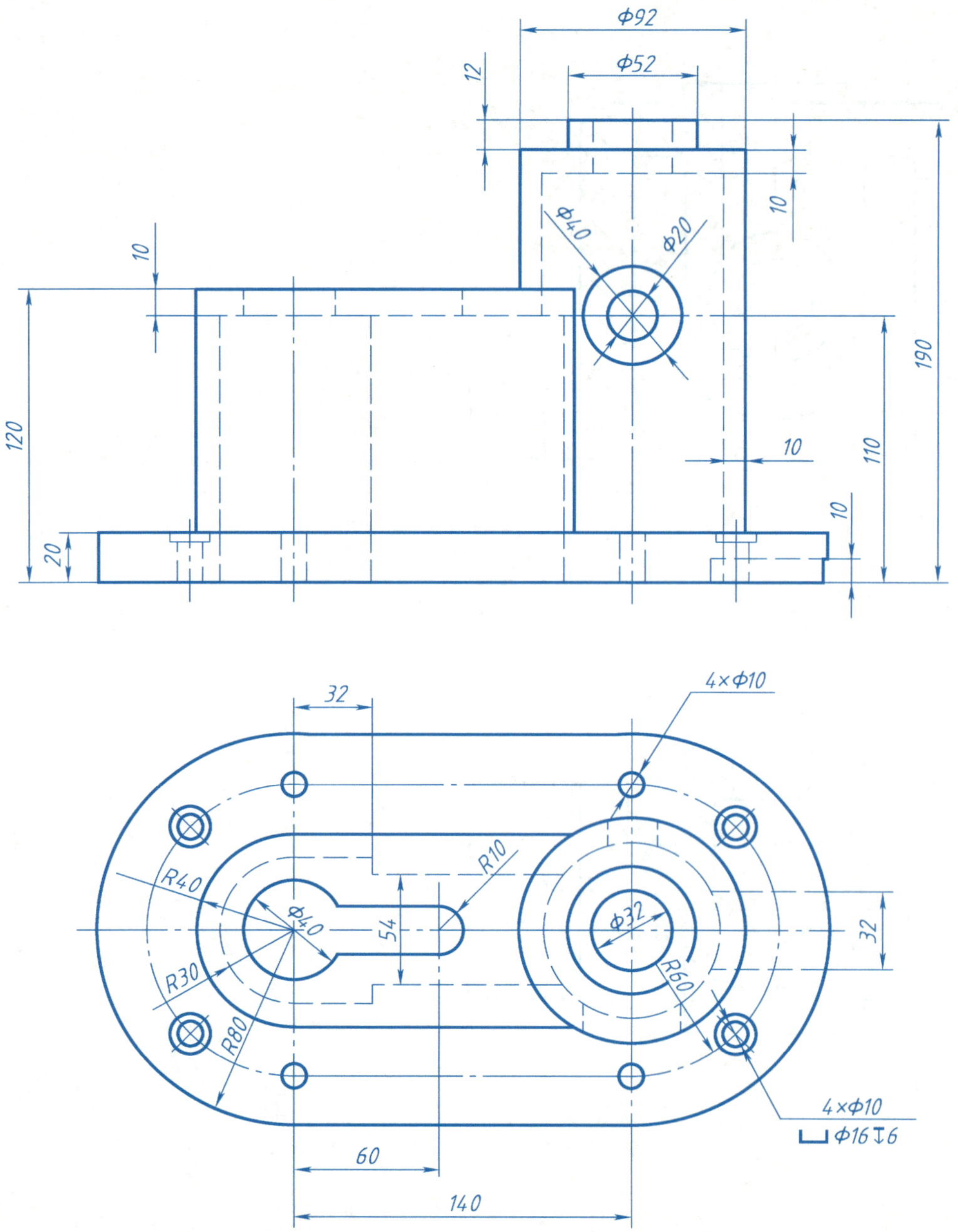

（2）

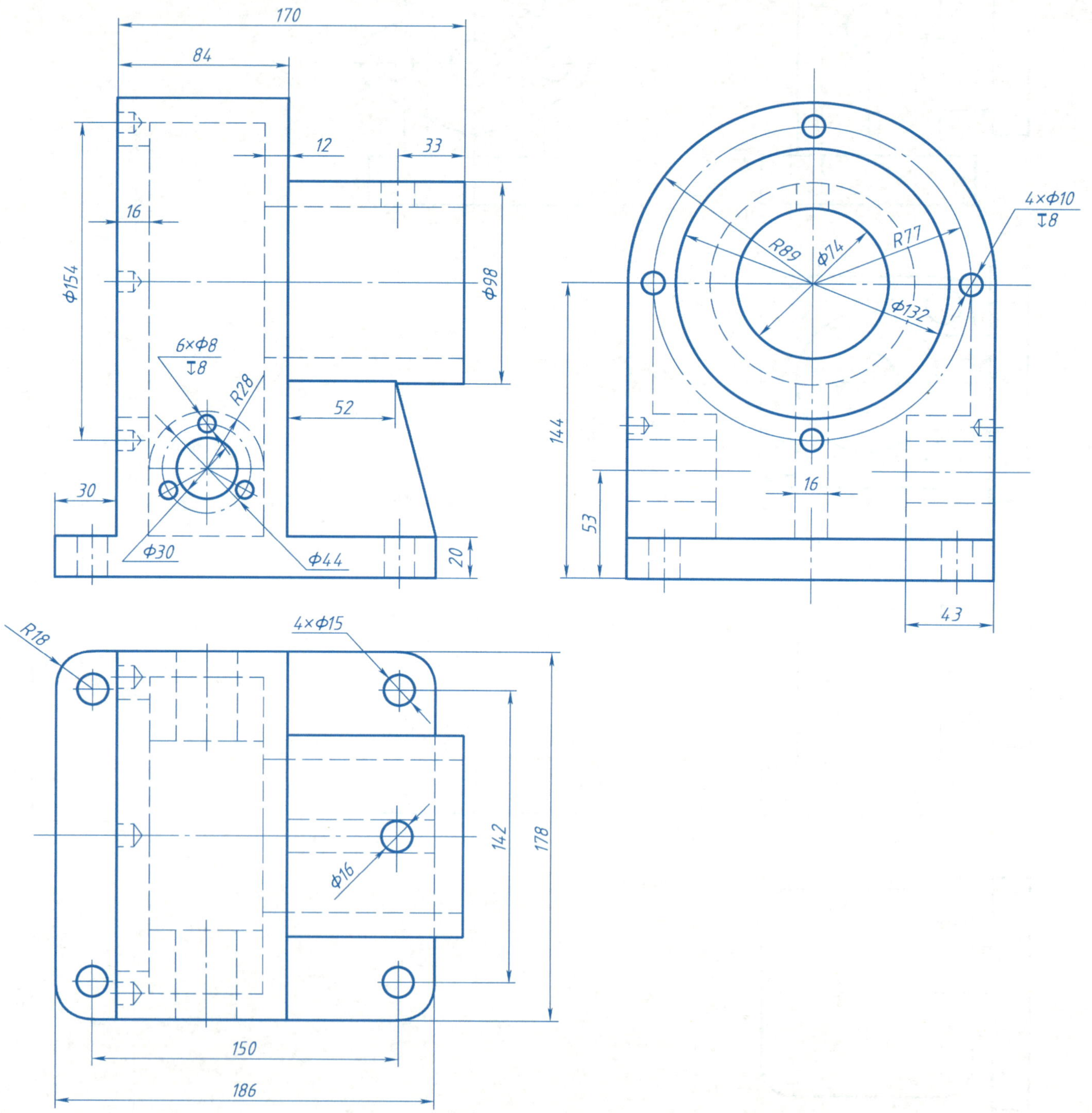

1. 按给定的条件画出 M20 螺纹的主、左两视图。

（1）外螺纹：杆长 30mm，螺纹长 20mm（靠左端），螺纹倒角 $C2$。

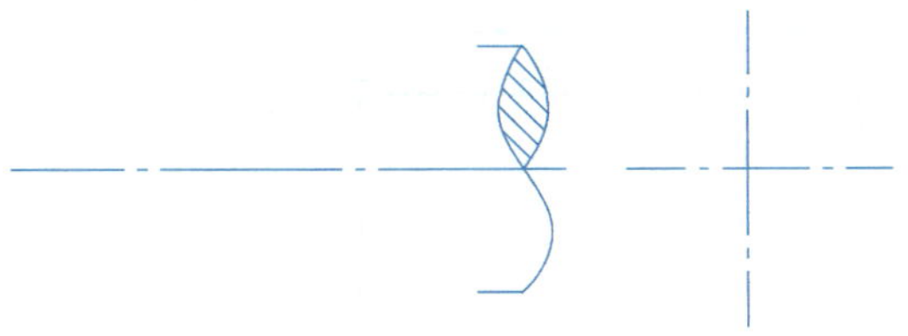

（2）内螺纹：主视图作剖视，左端钻孔深 30mm，螺纹深 20mm，螺纹倒角 $C2$。

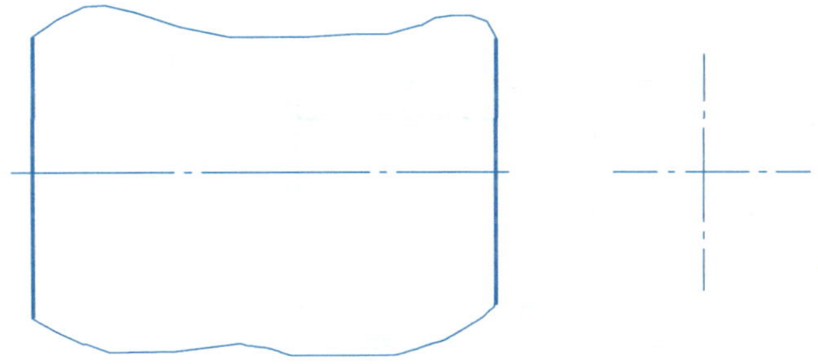

2. 将上题的螺杆调头，在指定位置画出内、外螺纹的联接图。

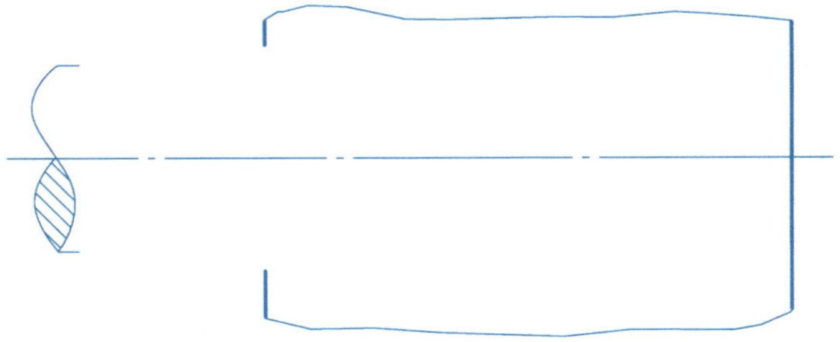

3. 分析下列各图的错误，将正确的图形画在下面。

（1）

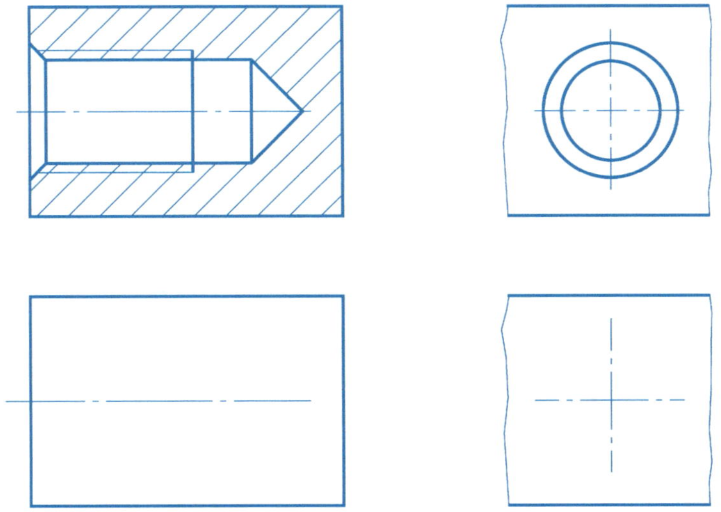

（2）

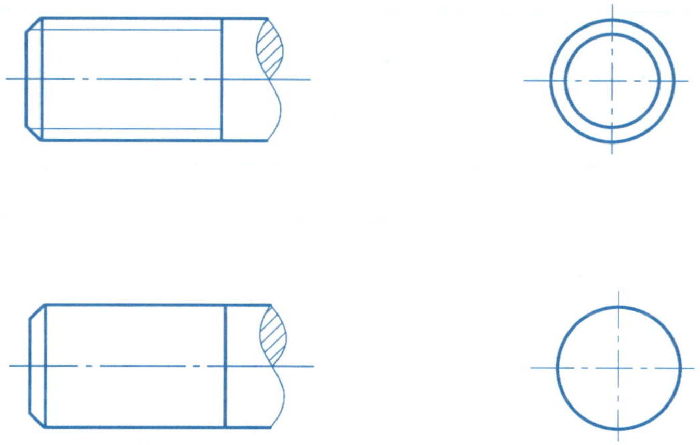

（3）

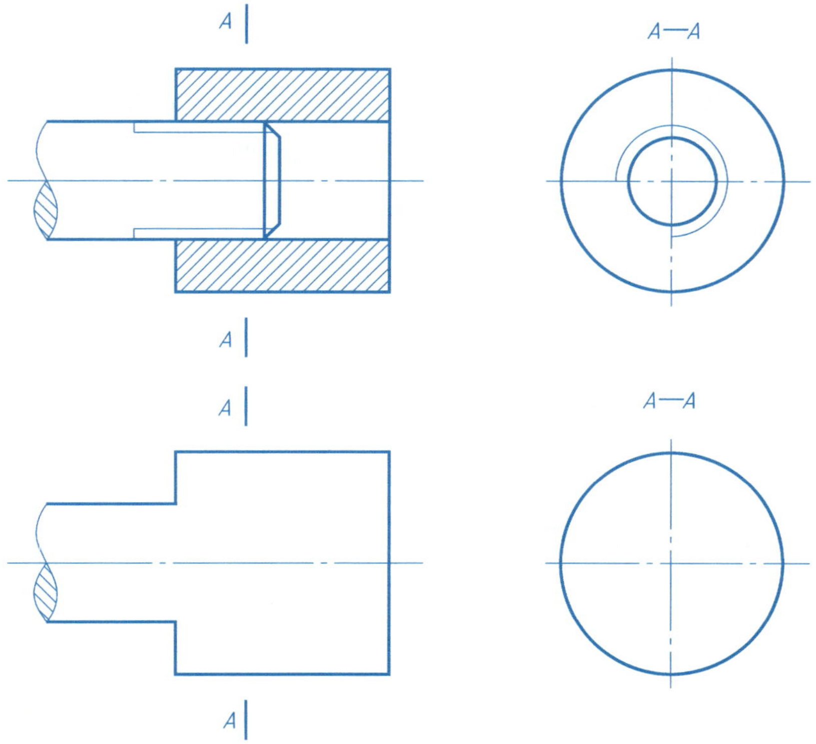

4. 识别螺纹的标记。

螺纹标记	螺纹种类	公称直径/mm	螺距/mm	导程/mm	线数	旋向	中径公差带代号	顶径公差带代号	旋合长度代号	内外螺纹
M10－6H										
M10×1－5H－S										
M20－6g										
M16×1.5－7g6g－L										
Tr32×12（P6）LH－8H－L										

螺纹标记	螺纹种类	尺寸代号	公差等级	内外螺纹	旋向	管子孔径/mm	螺纹大径/mm	螺纹小径/mm
G1								
G1/2A－LH								

5. 按给定的螺纹要素在图中标注螺纹代号。

（1）粗牙普通螺纹，大径20mm，螺距2.5mm，右旋。

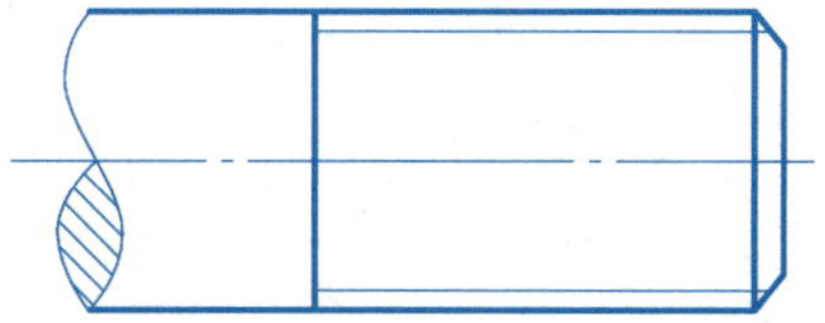

（2）细牙普通螺纹，大径20mm，螺距1mm，左旋。

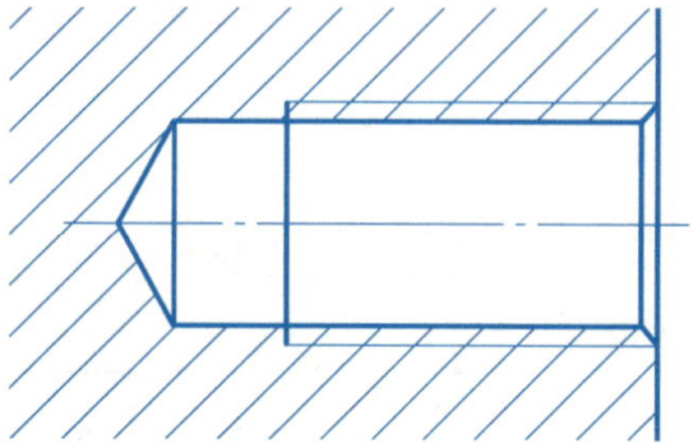

（3）55°非密封管螺纹，尺寸代号为3/4，公差等级为A级。

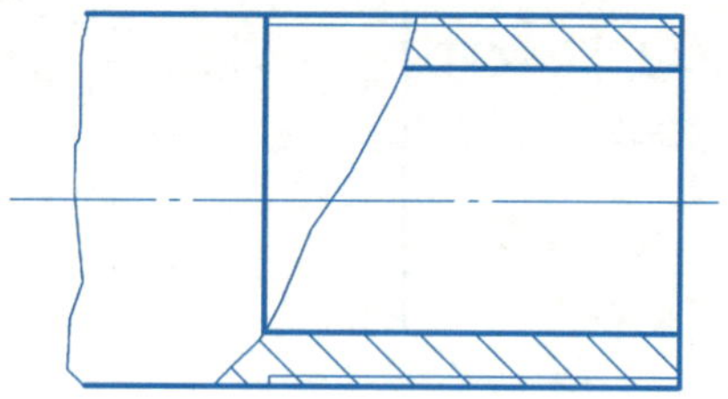

（4）55°非密封管螺纹，尺寸代号为3/4。

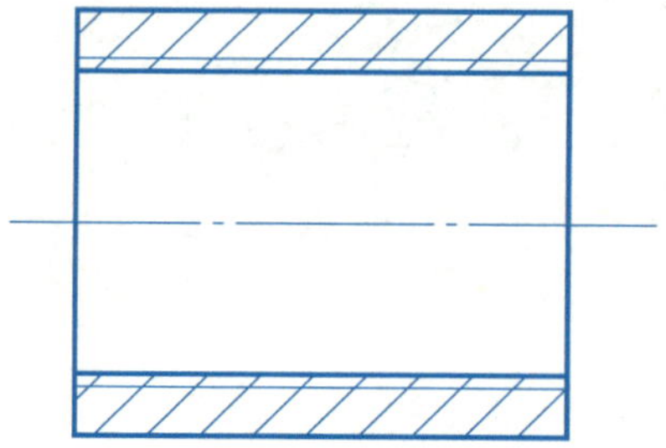

（5）梯形螺纹，公称直径26mm，螺距5mm，左旋。

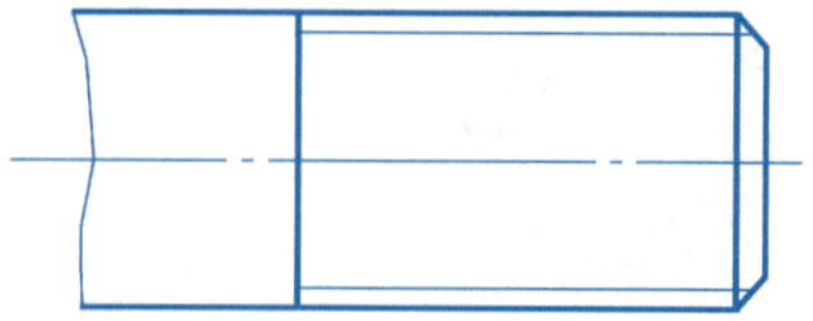

（6）梯形螺纹，公称直径60mm，导程16mm，双线，右旋。

二十四、螺纹联接件（一）

班级　　　　姓名　　　　学号

1. 查表后注出下列联接件的尺寸数值，并注写其规定标记。

（1）A 级六角头螺栓：螺纹规格 d = M12，公称长度 l = 50mm。

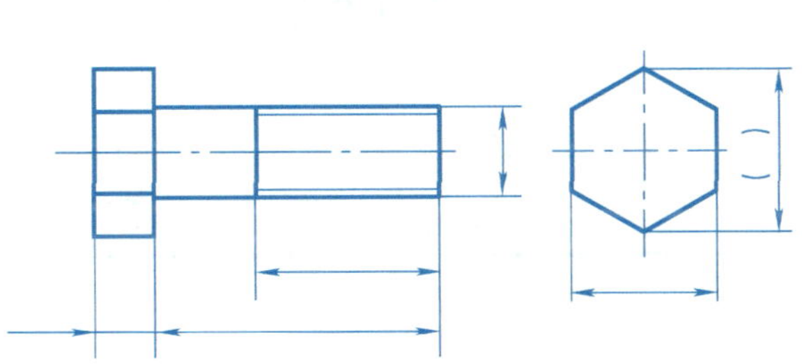

规定标记：________________

（2）A 级 1 型六角螺母：螺纹规格 D = M16。

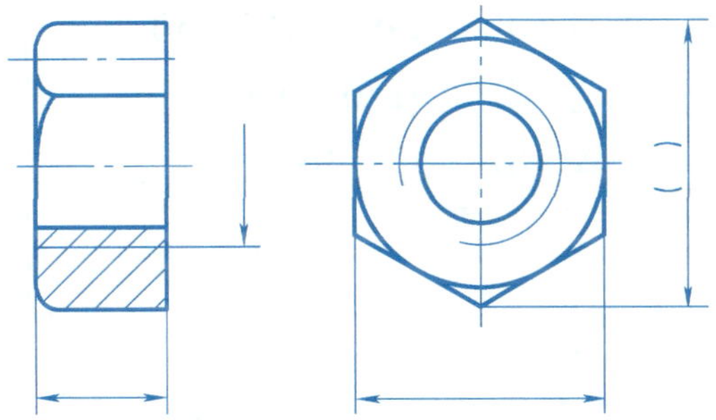

规定标记：________________

（3）标准型弹簧垫圈：规格 20mm。

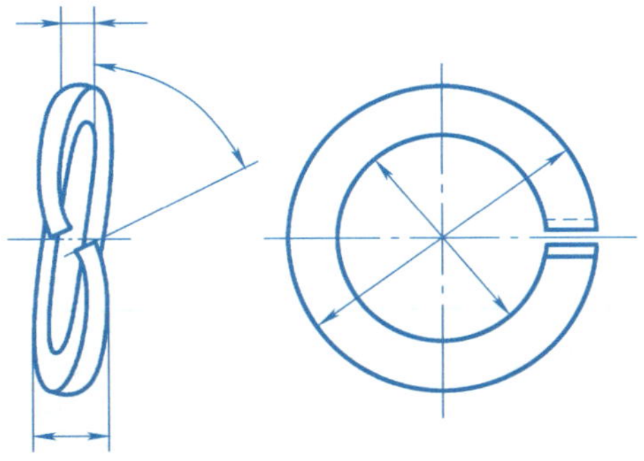

规定标记：________________

（4）开槽盘头螺钉：螺纹规格 d = M8，公称长度 l = 30mm。

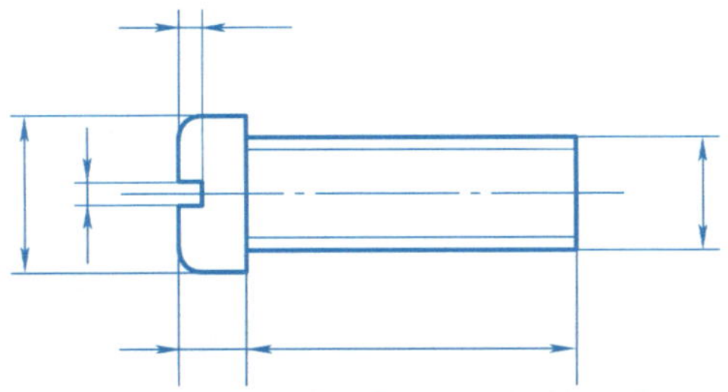

规定标记：________________

（5）A 型双头螺柱：螺纹规格 d = M12，公称长度 l = 40mm，b_m = 1.25d。

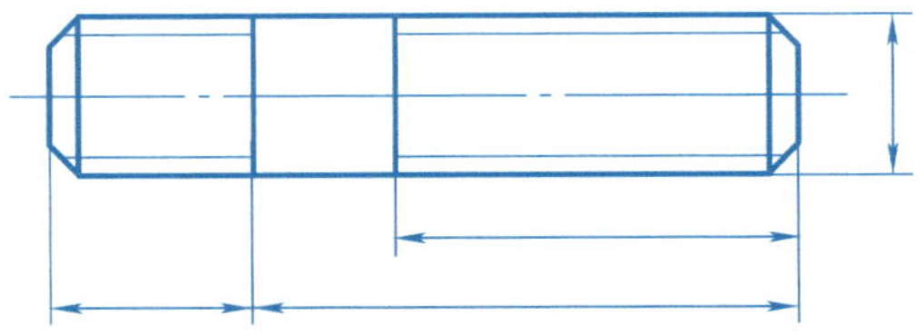

规定标记：________________

（6）开槽沉头螺钉：螺纹规格 d = M8，公称长度 l = 30mm。

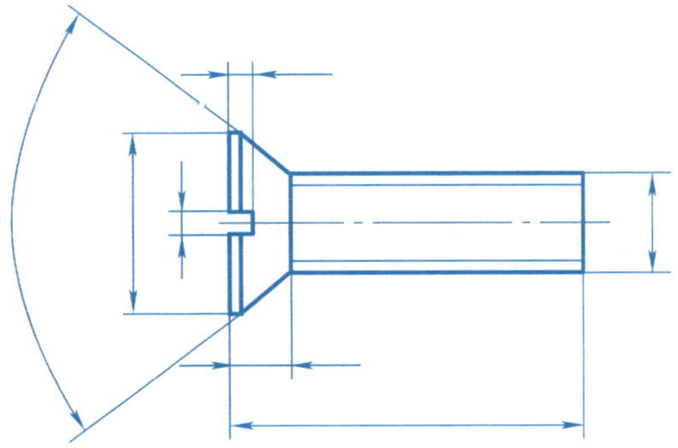

规定标记：________________

2. 找出下列螺纹联接图中的错误，并在右侧画出正确的联接图。

（1）

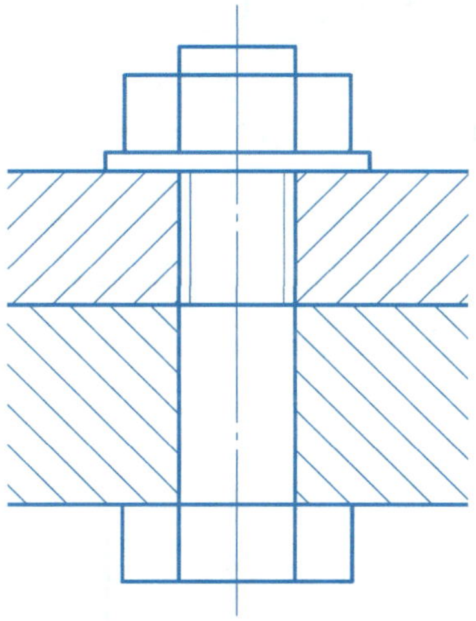

（2）

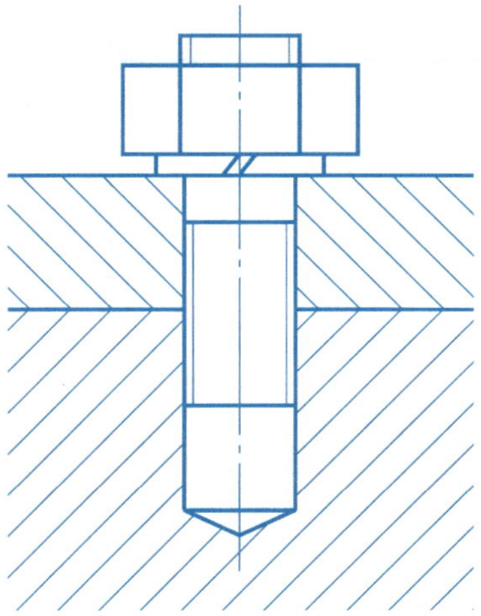

（3）

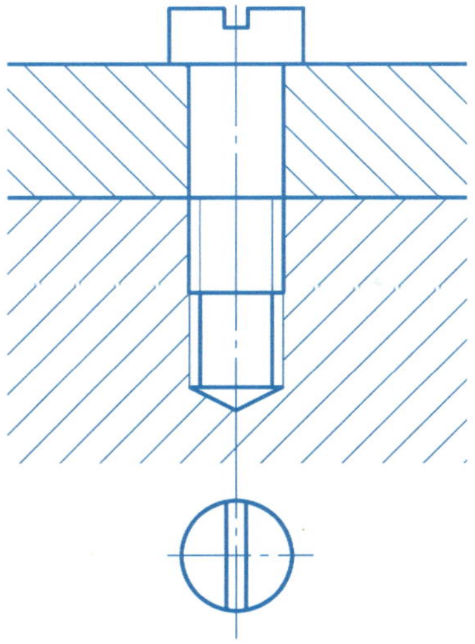

3. 将 A3 图纸横放，画螺纹联接件的联接图。

（1）用比例画法画螺栓联接图（主视图取剖视），比例为 1∶1。

已知：螺栓 GB/T 5782　M16 × 80

螺母 GB/T 6170　M16　　垫圈 GB/T 97.1　16

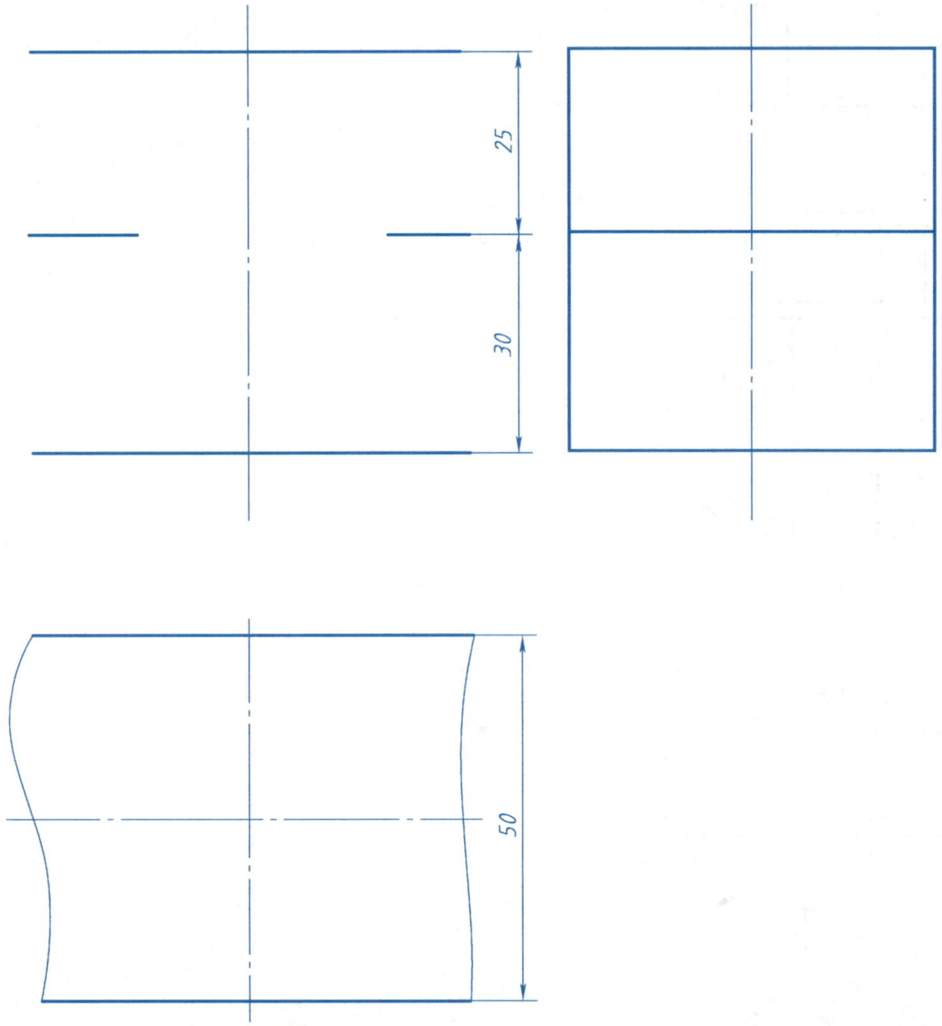

（2）用比例画法画螺柱联接的两视图（主视图取剖视），比例为 1∶1。

已知：螺柱 GB/T 898　M16 × 50

螺母 GB/T 6170　M16

垫圈 GB/T 93　16

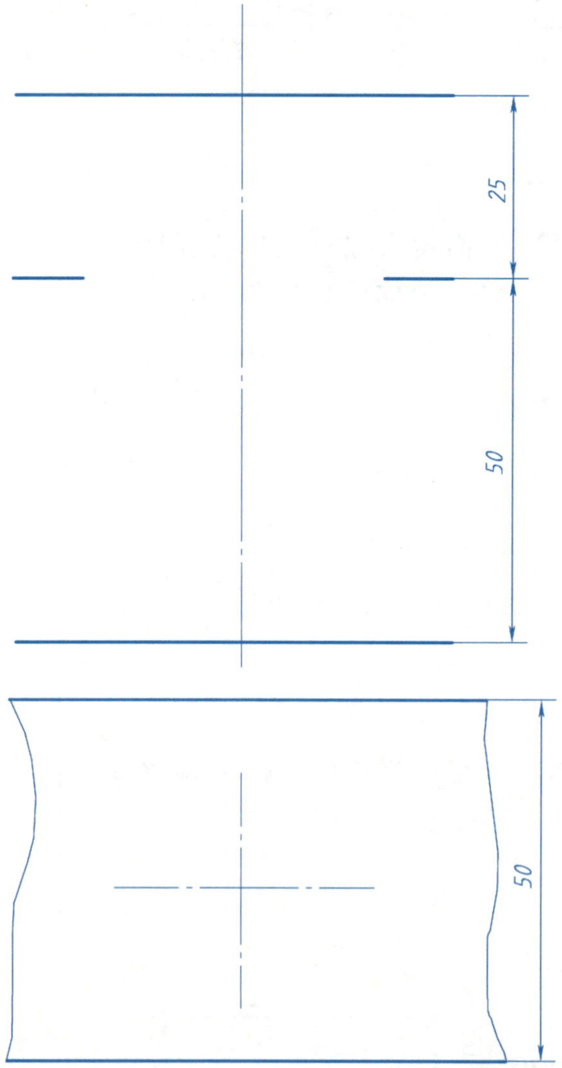

（3）用查表法画螺钉联接的两视图（主视图取剖视），比例为 2∶1。

已知：螺钉 GB/T 67　M8 × 25

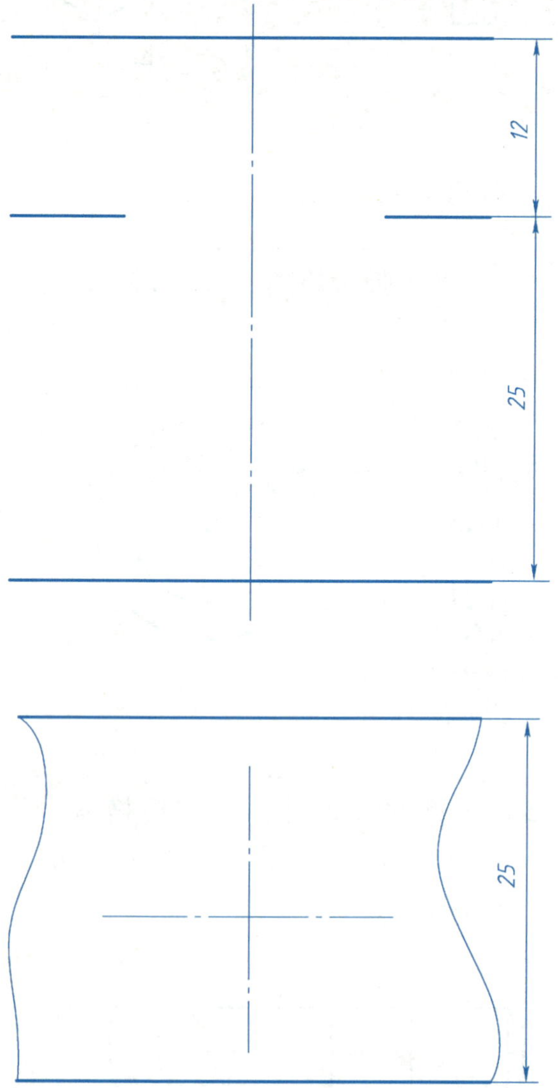

参考文献

[1] 陈炽坤，窦忠强，和丽．工业产品设计与表达习题集［M］．2版．北京：高等教育出版社，2006.

[2] 邢邦圣．机械工程制图习题集［M］．南京：东南大学出版社，2003.

[3] 刘魁敏．机械制图习题集［M］．北京：机械工业出版社，2004.

[4] 佟国治．现代工程设计图学习题集［M］．北京：机械工业出版社，2000.

[5] 焦永和．机械制图习题集［M］．北京：北京理工大学出版社，2001.

[6] 仝基斌，晏群．机械制图习题集［M］．北京：机械工业出版社，2007.

[7] 孙根正，叶军，蔡旭鹏，等．工程制图基础习题集［M］．3版．北京：高等教育出版社，2010.